Fidel Trujllo
Gilberto Collazo

Guantes traductor de lenguaje de señas mexicano

Fidel Trujllo
Gilberto Collazo

Guantes traductor de lenguaje de señas mexicano

para sordomudos

Editorial Académica Española

Publisher:
Editorial Académica Española
is a trademark of
International Book Market Service Ltd., member of OmniScriptum Publishing Group
17 Meldrum Street, Beau Bassin 71504, Mauritius
Printed at: see last page
ISBN: 978-613-9-03956-2

INDICE

1 INTRODUCCION

La comunicación es fundamental para el desarrollo social del ser humano. De hecho, la vida en comunidad no puede concebirse sin la facultad de acceder a la información que se genera en los diferentes entornos. Entre las diversas formas de comunicación, la expresión oral es la más común y acompaña a la persona, como herramienta de participación, durante toda su existencia.

Cuando, por cualquier motivo, el habla se ve impedida, la posibilidad de alcanzar una verdadera realización social se reduce de manera importante. La dificultad de las personas sordas para comunicarse disminuye su capacidad de interacción social; en consecuencia, su desarrollo educativo, profesional y humano queda restringidos seriamente, lo que limita las oportunidades de inclusión que todo ser humano merece, y esto representa un acto discriminatorio.

Como medio de socialización y mecanismo compensatorio, las personas sordas han desarrollado su propio lenguaje, la lengua de señas. Aun cuando ésta permite a las personas sordas comunicarse entre sí, no les facilita la relación con el resto de la comunidad, en especial, con los oyentes que desconocen ese lenguaje.

Retomando lo anterior, se pretende entender mejor el lenguaje de señas mexicano (LSM) y facilitar la comunicación entre personas de habla oral y lenguaje de señas.

En este trabajo se obtendrán datos necesarios de la posición y movimiento del lenguaje de señas (Abecedario y palabras), para censar cada movimiento que se hace, por medio de los guantes para determinar su posición y lograr identificar que palabra o letra se está formando y se pueda enviar esta información a un medio receptor que se encargará de traducir las señas a nuestro lenguaje.

1.1.- Justificación

Este proyecto servirá de gran ayuda para todas las personas con capacidades diferentes, debido a que las personas sordomudas que saben usar el lenguaje de señas se podrán comunicar con las personas norma oyentes.

También este proyecto servirá como un intermediario entre las personas sordomudas y las personas norma oyentes, debido a que cuando las personas sordomudas usen el lenguaje de señas el intermediario lo traducirá a voz para que así las personas norma oyentes lo puedan entender.

Además que Beneficiara a muchas instituciones que trabajen con personas sordomudas, y que el uso de este dispositivo se logrará un interés de la sociedad hacia la tecnología.

Resulta viable realizar un guante traductor puesto que su tecnología está al alcance de todos y su interpretación es a través de un dispositivo que evitará la necesidad de una persona para enseñar el lenguaje de señas, además de darles una herramienta a estas personas que sufren esta discapacidad para que puedan vivir independientemente.

1.2.- Objetivos

1.2.1.- Objetivo general

Diseñar y construir un dispositivo didáctico que permita a las personas sordomudas interactuar directamente con otras personas a través de una aplicación de un celular.

1.2.2.- Objetivos específicos

-Diseñar y construir los guantes que permitirán la recepción de movimientos de la mano y enviará los datos obtenidos hacia un dispositivo de voz.

-Diseñar y programar la aplicación del celular que funcionará como salida de voz.

-Diseñar y construir el sistema de comunicación inalámbrica con la cual se podrán recibir los datos analógicos y se enviarán datos digitales al dispositivo de salida.

1.3.- Planteamiento del problema

Las dificultades para oír, si bien no producen una limitación evidente de la libertad y la autonomía personal, son un buen acercamiento para detectar a las personas que tienen mayor riesgo de experimentar restricciones en la realización de algunas tareas o en su participación en determinadas actividades (ONU, 2010). Las personas con dificultades para oír presentan características funcionales muy distintas; no obstante, enfrentan obstáculos similares al interactuar con sus respectivos entornos. Eso justifica el considerarlas como integrantes de una categoría o tipo de discapacidad.

En el 2010, por cada 100 personas con discapacidad en México, 12 declararon tener dificultades para escuchar, aun usando aparato auditivo, lo cual coloca a este tipo de limitaciones como el tercero más frecuente en el país, sólo superado por las de movilidad y las visuales. [1]

Por lo cual las personas norma oyentes no tienen el conocimiento para entender el lenguaje de señas para sordomudos y debido a ese problema, la comunicación con un sordomudo es nula.

Otro problema del lenguaje de señas es la forma de aprender ya que no es autodidacta y en todos los métodos actuales se depende directamente de una persona que funja como guía o tutor ya sea dentro de un curso o bien en la ayuda de la compresión de un libro.

La principal causa de que los métodos actuales no sean tan efectivos y que no haya desarrollo o evolución de ellos es la falta de investigación para desarrollar prototipos directamente orientados a la enseñanza de lenguaje de señas autodidactas, por eso mismo las personas tienen que experimentar cual es el método adecuado para su aprendizaje.

1.4 Hipótesis

Realizar los guantes didácticos usando sensores flex para detectar los movimientos de los dedos e interpretarlos. Recibir los datos con una tarjeta de desarrollo Open Source (Arduino), en cual se encargara de reconocer las formas de cada palabra y calificara si la posición de las manos portadoras son las correctas para esto se usara el lenguaje de señas mexicano. Ya teniendo esto en cuenta serán enviadas a un sistema de comunicación hacia un dispositivo de voz.

Para que el Arduino intérprete las palabras del lenguaje de señas mexicano se usarán giroscopio y acelerómetro, estos tendrán como función detectar la posición de las manos e interpretarlas.

2 MARCO TEÓRICO

2.1.- Antecedentes del problema

Las personas sordas en general no distinguen los sonidos, incluso algunos de alta intensidad, lo que les dificulta establecer un código de comunicación. Los resultados censales realizados en el INEGI en 2010, mostraron que 16 de cada 100 personas con discapacidad tenían este tipo de problema.

Esta discapacidad cambia la forma de pensar de un sujeto mostrándolo diferente a otras discapacidades.

El número de personas que tienen la limitación corresponde a 5.7 millones, de (5, 739,270) los cuales 51.1% son mujeres y 48.9% son hombres. La población con discapacidad, representa 5.1% de la población total del país. Aunque el porcentaje respecto del conjunto de hombres y de mujeres son iguales, en ellos inciden más los accidentes; mientras que en ellas las enfermedades.

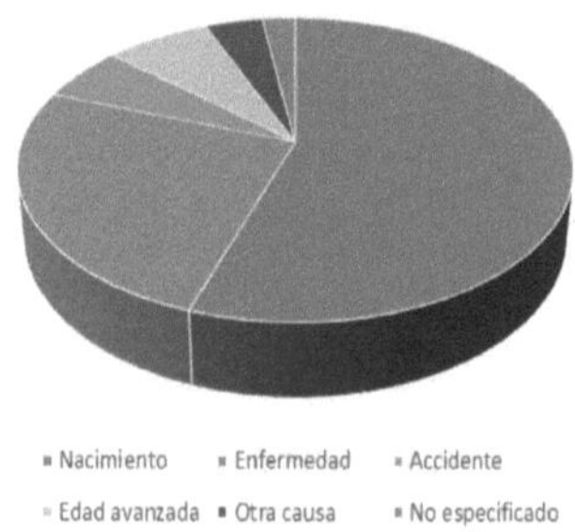

Tabla 1. Causas de la discapacidad

Porcentaje de la población con limitación auditiva para cada entidad federativa. Incluye a las personas que aun con aparato auditivo tenían dificultad para escuchar. [2]

Figura 1. Personas sordomudas

2.1.1.- Lenguaje De Señas

Cuando una persona es sorda, o bien, presenta alguna discapacidad auditiva, se ve en la necesidad de recurrir a alternativas tecnológicas o médicas que le permitan compensar su deficiencia, tales como el aprendizaje del lenguaje a señas, la utilización de audífonos o intervenciones quirúrgicas. Sin embargo, no todas las operaciones resultan exitosas, ni tampoco el audífono puede hacer maravillas, en muchos casos después de algunos años tendrá que cambiarse por otro adaptado a sus nuevas necesidades y se tendrá que hacer un nuevo gasto.

Los sordos tienen un idioma nativo, el lenguaje de señas el cual les permite comunicarse con otros sordos, no se les debe privar de ese lenguaje, ya que les permite comunicarse con sus congéneres y crear comunidades, así como ser aceptados en la sociedad, las ventajas de ser sordo es que puede estar en lugares donde existe mucho ruido o puede estar a gran distancia de su interlocutor y seguirse comunicando sin ningún problema.

El Lenguaje de Señas, consiste en una serie de signos gestuales articulados con las manos y acompañados de expresiones faciales, mirada intencional y movimiento corporal, dotado de función lingüística, forma parte del patrimonio lingüístico de dicha comunidad. Y es tan rica y compleja en gramática y vocabulario como cualquier lengua oral.

El lenguaje de señas es el medio de comunicación que utilizan las comunidades de sordos. Los sordos buscan una identidad lingüística y cultural al encontrarse con otros sordos, lo cual le permite tener una convivencia de naturaleza visual. [3]

2.1.2 Diferencias básicas entre el idioma Español y el Lenguaje de Señas Mexicano (LMS)

• 	Cantidad de palabras: No existe una seña para cada palabra en español. Muchas veces se puede utilizar una misma seña para las diferentes grados o niveles de una palabra en Español, en donde la intensidad de dicho nivel lo da la manera en que se signa (velocidad, fuerza y sobre todo la expresión facial).

• 	Uso de verbos: En LSM el verbo aparece sin conjugarse, en infinitivo. Para indicar el tiempo en que ocurre la acción, se utiliza una seña aparte.

• 	En LSM rara vez se utilizan los verbos ser o estar.

• 	En LSM el número generalmente va después del sustantivo. Ejemplo: Hijo 2 (LSM) en lugar de 2 hijos (Español).

• 	Se omiten los artículos (el, la, los, etc.) [4]

2.1.3.- Abecedario en Lenguaje de señas mexicanas

Se representan la mayoría de las letras desde el punto de vista del observador, con excepción de las letras G, H, K, Q, X e Y, las cuales se aparecen como las vería quien las está configurando. [5]

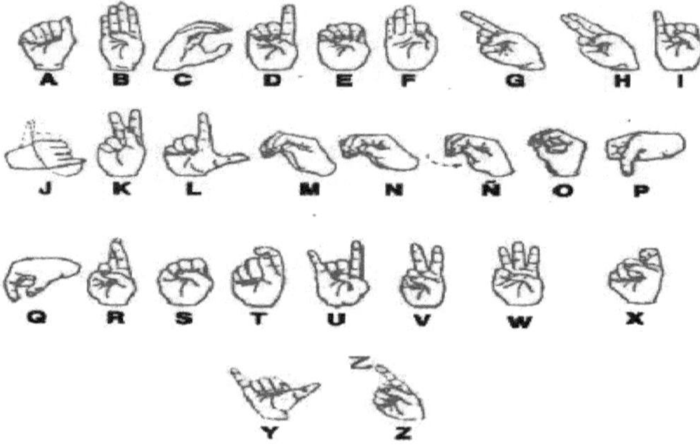

Figura 2. Lenguaje de señas

2.2.- Marco conceptual

2.2.1.- Sensores Flex

Los sensores de flexión son sensores que cambian en la resistencia en función de la cantidad que de curva en el sensor.

$$V\,out = V\,in\left(\frac{R1}{R1 + R2}\right)$$

Que son por lo general en la forma de una tira delgada de 1 "- 5" de largo que varían en resistencia. Se pueden hacer unidireccional o bidireccional. [6]

Figura 3. Sensor flex físico

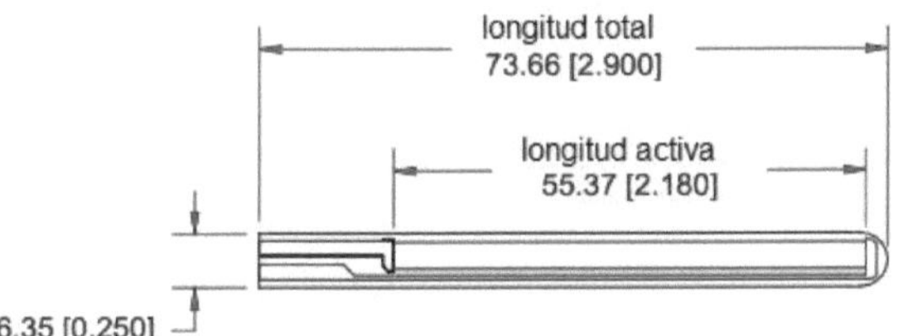

Figura 4. Esquema del sensor

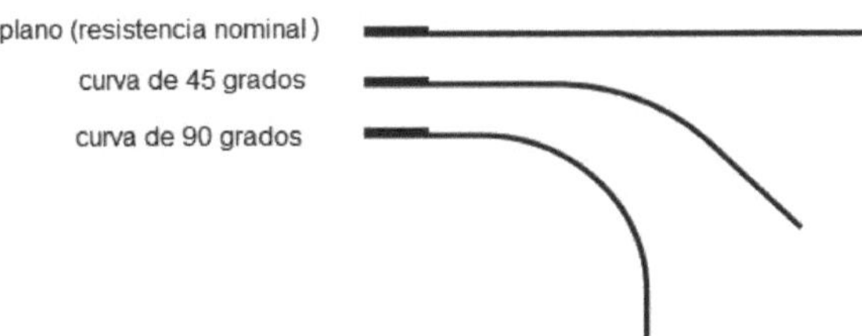

Figura 5. Forma de trabajo

11

Es posible encontrar sensores flex que midan de forma unidireccional o bidireccional; es decir, existen sensores flex que solo miden cuando su curvatura es positiva y cuando la curvatura llega ser negativa no presenta cambios, y los sensores flex que varían su salida tanto para curvaturas positivas como curvaturas negativas. (Véase en la figura 6) [7]

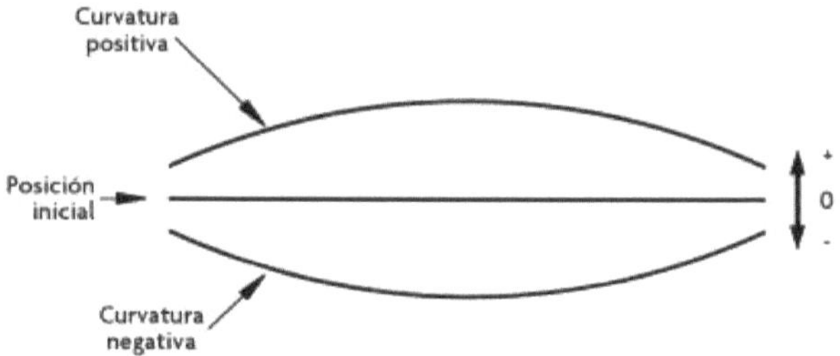

Figura 6. Curvatura de un sensor flex

2.2.2.- Acelerómetro.

Los acelerómetros MEMS ("Microelectromechanical Systems") son de tamaño reducido. La principal ventaja de estos dispositivos MEMS es que pueden ser creados mediante técnicas de fabricación microelectrónica en un chip de silicio, a la vez que toda la electrónica necesaria para el sistema de acondicionamiento, adquisición y comunicación a un precio y un tamaño muy reducidos.

La estructura de estos dispositivos puede apreciarse en la imagen, contienen por lo general placas capacitivas internas, algunas fijas y otras móviles. Las fuerzas de aceleración que actúan sobre el sensor variarán la disposición de unas con respecto a las otras modificando la capacitancia existente entre ambas. Estos cambios serán traducidos posteriormente en señales que podremos utilizar.

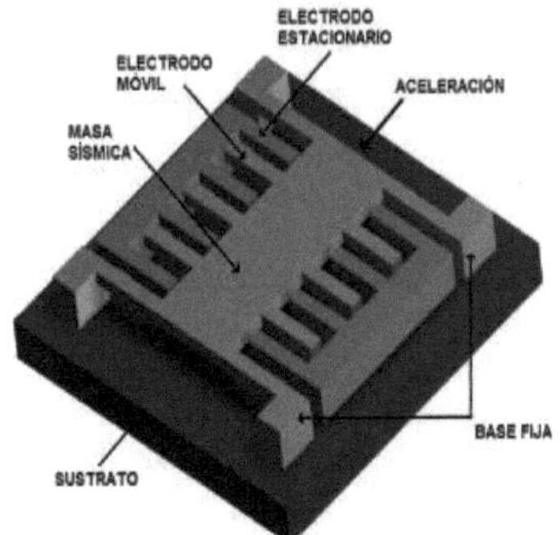

Figura 7. Acelerómetro

El acelerómetro mide la aceleración. La aceleración puede expresarse en 3 ejes: X, Y y Z, las tres dimensiones del espacio. Por ejemplo, si se mueve la IMU hacia arriba, el eje Z marcará un cierto valor. Si es hacia delante, marcará el eje X, etc.

Así también la gravedad de la Tierra tiene una aceleración de aprox. 9.8 m/s², perpendicular al suelo como es lógico. Así pues, la IMU también detecta la aceleración de la gravedad terrestre.

Gracias a la gravedad terrestre se puede usar las lecturas del acelerómetro para saber cuál es el ángulo de inclinación respecto al eje X o eje Y.

Si la IMU esté perfectamente alineada con el suelo. Entonces, como se puede ver en la imagen, el eje Z marcará un valor equivalente a 9.8 expresado en valores de voltaje por el microcontrolador, y los otros dos ejes marcarán un valor cercano a cero. Si se gira la IMU 90 grados. Ahora es el eje X el que está perpendicular al suelo, por lo tanto marcará la aceleración de la gravedad.

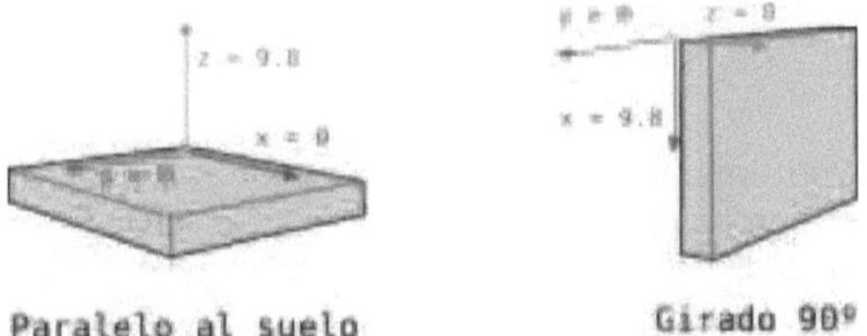

Figura 8. Orientación del giroscopio

El valor de la gravedad es 9.8 m/s², y se sabe que medición dan los tres ejes del acelerómetro, por trigonometría es posible calcular el ángulo de inclinación de la IMU.

Aplicaciones del acelerómetro

La medición de la vibración tiene grandes aplicaciones, últimamente la más solicitada por mucho es los teléfonos celulares, en la actualidad todos los teléfonos de última generación incluyen este dispositivo el cual es de mucha ayuda para gran variedad de aplicaciones, pero no es la única aplicación de los acelerómetros. Una de las aplicaciones más comunes se realizan en los automóviles, tan solo en 1890 se patentó un acelerómetro de péndulo, para registrar la aceleración y el frenado de vehículos de carretera y ferrocarril por parte de la marca de autos Lanchester. A continuación se enlistan otras tantas más aplicaciones.

- Industria: en general se utilizan para medir las vibraciones de las máquinas, usualmente trabajan en cierto rango de vibraciones, pero si es excedido dicho rango envía una señal notificando que la máquina está funcionando anormalmente, lo cual indicaría un fallo en el sistema u operación en condiciones no adecuadas.

 - Industria militar: se incorporan acelerómetros al momento de la fabricación de misiles y otro tipo de armamento. Esto se debe a que una vez lanzado el objeto éste irá reportando cuál es su aceleración, velocidad y en qué dirección. Así se establece el momento preciso en el que se detonará la carga para un mayor daño al objetivo.

- Sistema de navegación inercial: basado en acelerómetros y sensores de rotación conectados a una computadora. Este sistema ocupa la aplicación del acelerómetro para determinar posición, aceleración, velocidad y rapidez. Esta navegación aunque estimada es muy útil ya que no se necesita referencia externa para su uso. Este sistema es usado en barcos, submarinos, naves espaciales y aeronaves.

Existe una variación de este sistema que es usado para helicópteros, ya que a diferencia de las aeronaves con ala fija, utilizado un ala rotatoria. El rotor proporciona los datos de desplazamiento como elevación.

- Robots: en operación, un brazo mecánico que sirva para mover objetos de un lugar a otro tiene que establecer cierta fuerza para agarrar el objeto, esta fuerza se debe medir debido a que si la excede puede dañar el objeto, o si es muy poca podría deslizarse el objeto durante su trayectoria.

- Teléfonos celulares: Se utilizan para saber la rotación de los dispositivos, su inclinación, aceleración. Algunas aplicaciones ocupan el acelerómetro para determinar la orientación de la pantalla del dispositivo y rotarla de acuerdo a su posición. Existen juegos que ocupan la aceleración en los ejes para funcionar (girar el celular para conducir un auto de carreras, mover una esfera, etc.). De la misma manera un sistema de GPS ocupa la aceleración del celular para obtener una ubicación más detallada en navegación.

De ésta última aplicación en el SO móvil Android se pueden instalar aplicaciones para determinar el movimiento en cada eje y registrarlo.

2.2.3.- Giróscopo.

Los sensores giroscópicos incluidos en el IMU son también MEMS, su funcionamiento está basado en una pequeña masa que varía su posición al variar la velocidad angular, el dispositivo convierte estos cambios en una señal medible. Gracias a este diseño, ha sido posible reducir de forma notable el tamaño de estos dispositivos y poder así incluirlos en un circuito integrado.

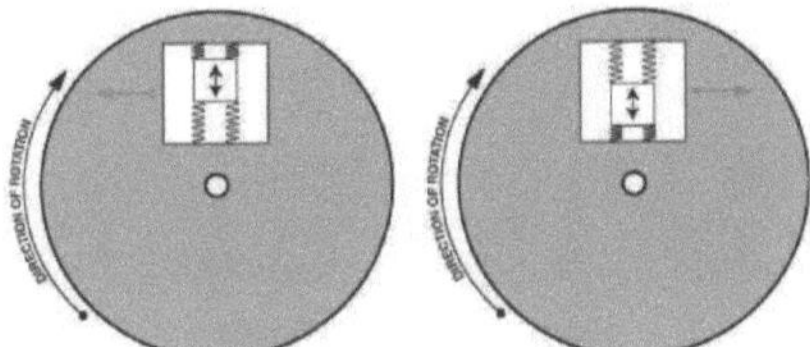

Figura 9. Giroscopio

El giroscopio mide la velocidad angular. El giroscopio mide la velocidad angular, la cual representa el número de grados que se gira por segundo. Sólo que en vez de medirse en grados por segundo, se mide en otra unidad que son **radianes por segundo (1rad/s = 180/PI grados/s)**

Si sabemos el ángulo inicial de la IMU, podemos sumarle el valor que marca el giroscopio para saber el nuevo ángulo a cada momento. Suponiendo que iniciamos la IMU a 0°. Si el giroscopio realiza una medida cada segundo, y marca 3 en el eje X, se tendrá el ángulo con esta sencilla fórmula:

$$angulo\ Y = Angulo\ Y\ anterior + X\Delta t$$

Dónde **Δ**t es el tiempo que transcurre cada vez que se calcula esta fórmula.

Y lo mismo pasa con los ejes X, Z. Sólo que al igual que con el acelerómetro se suele ignorar el eje Z. [9]

2.2.4.- Arduino

Microcontrolador.

Un microcontrolador es un circuito integrado que aúna varios bloques funcionales. Los principales órganos que forman el microcontrolador son la Unidad Central de Procesos o CPU, la memoria, y los periféricos. Se trata además, de un dispositivo de bajo costo, versátil, programable, que puede ejecutar funciones y dotar de inteligencia a sistemas más complejos

Arduino es una plataforma de prototipos electrónica de código abierto (open-source) basada en hardware y software flexibles y fáciles de usar. Está pensado para artistas, diseñadores, como hobby y para cualquiera interesado en crear objetos o entornos interactivos.

Figura 10. Arduino nano

Arduino puede sentir el entorno mediante la recepción de entradas desde una variedad de sensores y puede afectar a su alrededor mediante el control de luces, motores y otros artefactos. El microcontrolador de la placa se programa usando el Arduino Programming Language (basado en Wiring) y el ArduinoevelopmentEnvironment (basado en Processing). Los proyectos de Arduino pueden ser autónomos o se pueden comunicar con software en ejecución en un ordenador (Por ejemplo con Flash, Processing, MaxMSP, C++ Builder, etc). Las placas se pueden ensamblar a mano o encargarlas preensambladas; el software se puede descargar gratuitamente. Los diseños de referencia del hardware (archivos CAD) están disponibles bajo licencia open-source, por lo que eres libre de adaptarlas a tus necesidades.

Arduino nano

El Arduino Nano es una placa pequeña, completa y amigable basada en el ATmega328 (Arduino Nano 3.x) o ATmega168 (Arduino Nano 2.x). Tiene más o menos la misma funcionalidad de la Arduino Duemilanove, pero en un paquete diferente. Le falta solamente una toma de alimentación de CC, y trabaja con un cable USB Mini-B en lugar de uno estándar. El Nano fue diseñado y está siendo producido por Gravitech.

El ATmega168 tiene 16 KB de memoria flash para el almacenamiento de código (de los cuales 2 KB se utiliza para el gestor de arranque); el ATmega328 tiene 32 KB, (también con 2 KB utilizado por el gestor de arranque). El ATmega168 tiene 1 KB de SRAM y 512 bytes de EEPROM (que pueden ser leídos y escritos a la librería EEPROM); el ATmega328 tiene 2 KB de SRAM y 1 KB de EEPROM.

Entradas y Salidas

Cada uno de los 14 pines digitales en el Nano se puede utilizar como una entrada o salida, utilizando pinMode (), digitalWrite () , y digitalRead () funciones. Operan en 5 voltios. Cada pin puede proporcionar o recibir un máximo de 40 mA y tiene una resistencia de pull-up (desconectado por defecto) de 20 a 50 kOhm. Además, algunos pines tienen funciones especializadas:

Serial: 0 (RX) y 1 (TX). Se utiliza para recibir (RX) y transmitir datos en serie (TX) TTL

Interrupciones externas: 2 y 3. Estos pines pueden configurarse para activar una interrupción en un valor bajo, un flanco ascendente o descendente, o un cambio en el valor.

SPI: 10 (SS), 11 (MOSI), 12 (MISO), 13 (SCK) Estos pines admite la comunicación SPI, que, aunque proporcionada por el hardware subyacente, actualmente no está incluido en el lenguaje de Arduino.

LED: 13. Hay un LED incorporado conectado al pin digital 13.

El Nano tiene 8 entradas analógicas, cada una de las cuales proporcionan 10 bits de resolución (es decir, 1.024 valores diferentes). Por defecto se miden desde el cero a 5 voltios, aunque es posible cambiar el extremo superior de su rango utilizando el analogReference () función. Pines analógicos 6 y 7 no se pueden utilizar como pines digitales. Además, algunos pines tienen funciones especializadas:

I 2 C: A4 (SDA) y A5 (SCL) Apoyo a I 2 C (TWI) de comunicación con el librería Wire (documentación en el sitio web de cableado).

AREF. Voltaje de referencia para las entradas analógicas. Se utiliza con analogReference ().

Comunicación

El Arduino Nano, se puede comunicar con un ordenador, otro Arduino, u otros microcontroladores. Los ATmega168 y ATmega328 proporcionan TTL UART (5V) de comunicación serie, que está disponible en los pines digitales 0 (RX) y 1 (TX). Un FTDI FT232RL en los canales de mesa esta comunicación en serie a través de USB y los drivers FTDI (incluido con el software de Arduino) proporcionan un puerto com virtual para el software en el ordenador. El software de Arduino incluye un monitor de serie que permite a los datos de texto simples para ser enviados hacia y desde la placa Arduino. El led de señalamiento en el tablero parpadea cuando se están transmitiendo datos a través del chip y conexión USB FTDI al ordenador (pero no para la comunicación en serie en los pines 0 y 1). [10][11]

Tabla 2. Especificaciones:

Microcontroladores	Atmel ATmega168 o ATmega328
Tensión de funcionamiento (nivel lógico)	5 V
Voltaje de entrada (recomendado)	7-12 V
Voltaje de entrada (límites)	6-20 V
Digital pines I / O	14 (de las cuales 6 proporcionan salida PWM)
Entrada analógica	8
Corriente DC por E / S Pin	40 mA
Memoria Flash	16 KB (ATmega168) o 32 KB (ATmega328) de los cuales 2 KB utilizado por el gestor de arranque
SRAM	1 KB (ATmega168) o 2 KB (ATmega328)
EEPROM	512 bytes (ATmega168) o 1 KB (ATmega328)
Velocidad De Reloj	16 MHz
Dimensiones	0,73 "x 1,70"
Longitud	45 mm
Anchura	18 mm
Peso	5 g

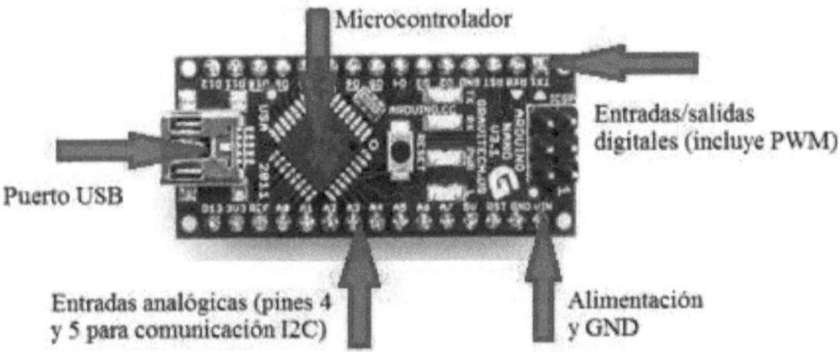

Figura 11. Elementos destacados del Arduino Nano

Obtención de datos MPU6050.

. Especificaciones técnicas del sensor.

El sensor escogido, el IMU MPU6050 del fabricante Invensense, presenta las siguientes características.

- **Giróscopio:**

Sistema de giróscopo en 3 ejes fabricado con tecnología MEMS.

Puede ser ajustado a valores de ±250, ±500, ± 1000, y ±2000 °/s.

Integra 3 conversores analógico digital de 16 bits, uno por cada eje.

Dispone de un filtro paso bajo programable

Consume 3.6mA.

Dispone de self-test programable.

- **Acelerómetro:**

Sistema de acelerómetro en 3 ejes fabricado con tecnología MEMS.

Ajustable a valores de sensibilidad de ±2*g*, ±4*g*, ±8*g* y±16*g*.

Integra 3 conversores analógico digital de 16 bits, uno por cada eje.

Alimentación estable de 500µA.

Dispone de interrupciones programables.

Detección de caída libre, vibraciones y movimiento.

Dispone de self-test programable.

Figura 12. MPU 6050

-   Otras:

Posibilidad de ser ampliado con un magnetómetro a un sistema de 9 grados de libertad.

Máster auxiliar para comunicación I2C.

Regulador de tensión propio.

Buffer o memoria de 1024 bytes FIFO. o Sensor de temperatura.

Filtros programables por el usuario para los acelerómetros, los giróscopos y el sensor de temperatura.

Dispone de un DMP (Digital Motion Processor), un procesador disponible para el usuario que permitiría descargar de trabajo al microcontrolador principal.

Interfaces de comunicación SPI e I2C primaria y secundaria. [12]

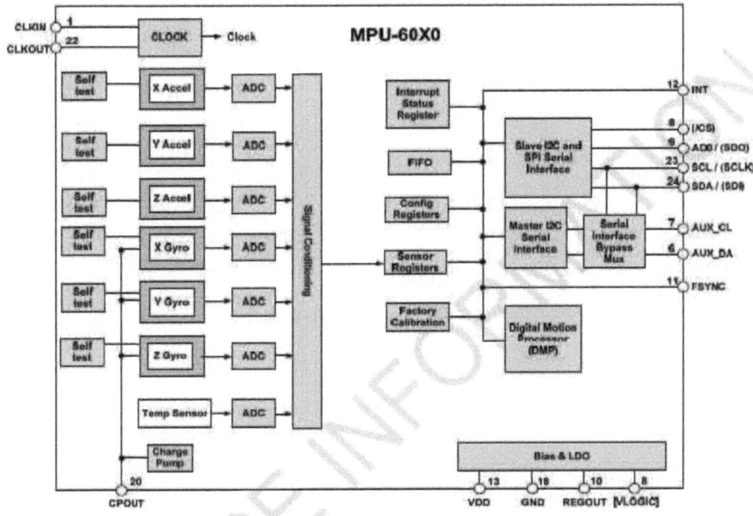

Figura 13. Diagrama de bloques del MPU 6050

Comunicación I2C

En la comunicación se explicara el funcionamiento del bus I2C, entrando en detalle en cómo se transmite la trama así como las diferencias con otros buses. Además se explicara su uso con Arduino con varios ejemplos de funcionamiento.

I2C (Inter-Integrated Circuit) es un bus de comunicación muy utilizado para comunicar circuitos integrados, uno de sus usos más comunes es la comunicación entre un microcontrolador y sensores periféricos. El I2C es un bus multi-maestro es decir permite que haya múltiples maestros y múltiples esclavos en el mismo bus.

El bus I2C cuenta con dos líneas SDA (datos) y SCL(clock) además de masa. Como hemos visto en SPI a cada flanco de SCL se captura un bit de SDA, aunque la forma de transmitir la información es diferente. Además hay que tener en cuenta que la línea SDA solo puede cambiar de valor en caso de que la línea SCL este a 0.

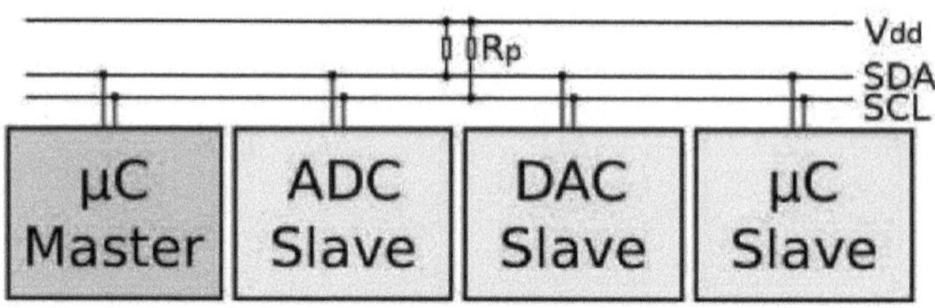

Figura 14. Comunicación multiplex

Conexión I2C.

En este caso la misma línea de datos envía la información en las dos direcciones, por lo que es necesario un control de acceso al bus y un direccionamiento de cada elemento.

En I2C hay un valor fuerte y otro valor débil, normalmente el 0 es el valor fuerte y el 1 el débil Esto es así porque el 0 se consigue forzando la línea a esa tensión pero por contra el 1 se consigue con pull-up, por lo tanto en caso de que alguien transmita un 0 y otro un 1, en la línea solo se verá reflejado el 0. Por lo tanto se define como el valor de reposo del bus como el 1, ya que si alguien quiere empezar a comunicar siempre podrá modificar el estado del bus y los demás se darán cuenta.

Otro aspecto a tener en cuenta en I2C es que los maestros o maestro son los únicos que pueden controlar la línea de SCL, eso implica que solo un maestro puede iniciar una transmisión por lo que un Slave tendrá que esperar a que un maestro le pregunte por un dato para poder enviarlo. Así en I2C cada dispositivo tiene una dirección de 7 bits, es decir se pueden tener hasta 128 dispositivos conectados al mismo bus, hay que tener en cuenta que existen versiones extendidas de I2C con direccionamiento a 8,10 y 12 bits. En el caso del I2C el protocolo del bus si reserva unos campos para poder realizar la transmisión, cosa totalmente diferente con el SPI donde podíamos enviar en cada byte el dato que queramos. Una trama I2C está comprendida por los siguientes-campos. [13]

1. Bit de start: Este es un bit especial ya que como hemos dicho antes la linea SDA no puede cambiar a menos que SCL este a 0. Este bit rompe dicha norma y provoca un cambio de 1 a 0 cuando SCL está a nivel alto.

2. Address: El primer byte enviado empieza con 7 bits de dirección, el cual indica a quien enviamos o solicitamos el dato.

3. R/W (Read/Write): El siguiente bit indica si vamos a realizar una operación de lectura o escritura.

4. ACK: Este bit está presente al final de cada byte que enviamos y nos permite asegurarnos que el byte ha llegado a su destino. De este modo el que envía deja el bit a 1 y si alguien ha recibido el mensaje fuerza ese bit a 0. De esta manera confirma que le ha llegado el byte y la transmisión puede continuar.

5. 1º Byte de datos: Este es el primer byte de datos propiamente dicho ya que lo anterior no lo podemos elegir nosotros y nos viene impuesto por el protocolo. Aquí podemos poner el dato que queramos en caso de comunicación con sensores remotos un uso habitual es poner el número de registro al que queremos escribir o leer. Después del byte de datos se espera otro ACK del receptor.

6. Se repite el paso 5 tantas veces como sea necesario.

7. Bit de Stop. En este caso ocurre lo contrario al bit de Start, se pasa de 0 a 1 cuando la línea SCL se encuentra en alto. Esto termina la transmisión y deja el bus libre para que otro puede empezar a transmitir.

Figura 15. Bits de transmisión

Trama I2C

Lo explicado anteriormente es una trama típica de I2C aunque en realidad puede haber algunas variantes, ya que en caso de que el mismo Master quiera seguir comunicándose no es necesario terminar la transmisión con un Stop y luego volver a empezar una transmisión .El protocolo permite que en medio de una trama se realice otro Start por lo que se tendrá que volver a enviar la dirección y el R/W, así que se puede cambiar el modo de comunicación y pasar a una lectura o a otra escritura y acceder a otro sensor o a otro registro del mismo sensor. En la siguiente imagen se puede ver una trama de este tipo. [13]

Figura 16. Trama con 2 starts

.- Uso de Arduino con I2C.

Vista la teoría del bus I2C es el momento de ver cómo podemos usarlo en nuestro Arduino. En el Arduino Uno los pines del I2C se encuentran en el pin analógico 4(SDA) y el pin analógico 5(SCL). En el Arduino Mega se encuentran en los pines 20 (SDA) y en el 21(SCL). Finalmente en el nuevo Arduino Leonardo los pines I2C están pintados al lado de AREF.

En lo referente a conexiones conectamos los SDA y los SCL de los dispositivos entre ellos y a la vez una pull-up por cada línea. Estas resistencias pueden tener valores entre 1k y 10 k, dependiendo de la velocidad de comunicación. Un buen valor para esta velocidad es 4.7K. Aunque es cierto que se pueden conectar sin las pull-up y funciona, en el osciloscopio la señal no se veía muy bien, así que para evitar posibles errores lo mejor es asegurarse poniendo las pull-up.[13]

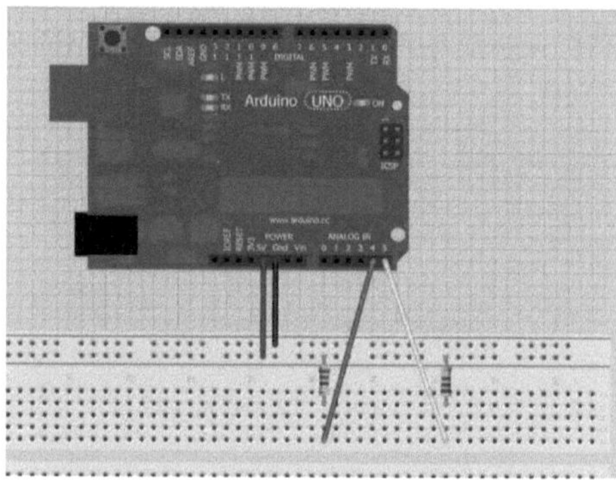

Figura 17. Conexión I2C con arduino 1

Conexión del I2C con solo un dispositivo.

Para usar el bus I2C en Arduino hay que incluir la librería Wire con #include <Wire.h>. A continuación en el setup hay que usar la función Wire.begin() esto inicia el bus I2C y nos define como maestros. Dentro del begin se puede poner una dirección aunque si solo hay un master no es necesario ya que nadie nos va a solicitar datos sino que seremos nosotros los que siempre iniciemos la comunicación.

Una vez iniciado el bus podemos empezar a transmitir. Para ello se usan 3 instrucciones:

1. Wire.beginTransmission(dirección) :Inicia el bus y ponemos con qué dirección vamos a comunicarnos.

2. Wire.write(bytes): Esta función envía uno o varios bytes a la dirección anterior.

3. Wire.endTransmission(): Finaliza la comunicación con un STOP y deja el bus libre.

```
I2C_1

/*Tutorial Arduino -I2C
Autor:Toni Ruiz Sastre
www.electroensaimada.com
*/
#include <Wire.h>

void setup()
{
  Wire.begin();//Iniciamos el bus I2C
}

void loop()
{
  Wire.beginTransmission(0xF5); // Enviamos a la dirección 0xF5 en binario 111 0101
  Wire.write(0x52);          // Enviamos el byte 0x52
  Wire.endTransmission();    // stop

  delay(100);
}
```

Figura 18. Código que envía el byte

Ahora vamos a ver el resultado con el osciloscopio, en el este caso no hay nadie conectado al otro lado por lo que no se recibirá un ACK y se abortara la transmisión. Así podemos ver como con I2C podemos saber si el mensaje ha llegado a su destino.

2.2.5.- Android

Android es un sistema operativo basado en Linux diseñado principalmente para dispositivos móviles con pantalla táctil, como teléfonos inteligentes o tabletas, inicialmente desarrollado por Android, Inc. Google respaldó económicamente y más tarde compró esta empresa en 2005.10Android fue presentado en 2007 junto la fundación del Open Handset Alliance: un consorcio de compañías de hardware, software y telecomunicaciones para avanzar en los estándares abiertos de los dispositivos móviles. El primer móvil con el sistema operativo Android fue el HTC Dream y se vendió en octubre de 2008.

Fue desarrollado inicialmente por Android Inc., una firma comprada por Google en 2005. Es el principal producto de la Open Handset Alliance, un conglomerado de fabricantes y desarrolladores de hardware, software y operadores de servicio. Las unidades vendidas de teléfonos inteligentes con Android se ubican en el primer puesto en los Estados Unidos, en el segundo y tercer trimestres de 2010, con una cuota de mercado de 43,6% en el tercer trimestre. A nivel mundial alcanzó una cuota de mercado del 50,9% durante el cuarto trimestre de 2011, más del doble que el segundo sistema operativo (iOS de Apple, Inc.) con más cuota.

Tiene una gran comunidad de desarrolladores escribiendo aplicaciones para extender la funcionalidad de los dispositivos. A la fecha, se ha llegado ya al 1.000.000 de aplicaciones (de las cuales, dos tercios son gratuitas y en comparación con la App Store más baratas) disponibles para la tienda de aplicaciones oficial de Android: Google Play, sin tener en cuenta aplicaciones de otras tiendas no oficiales para Android como la tienda de aplicaciones Samsung Apps de Samsung. Google Play es la tienda de aplicaciones en línea administrada por Google, aunque existe la posibilidad de obtener software externamente. Los programas están escritos en el lenguaje de programación Java. No obstante, no es un sistema operativo libre de malware, aunque la mayoría de ello es descargado de sitios de terceros.

El anuncio del sistema Android se realizó el 5 de noviembre de 2007 junto con la creación de la Open Handset Alliance, un consorcio de 78 compañías de hardware, software y telecomunicaciones dedicadas al desarrollo de estándares abiertos para dispositivos móviles. Google liberó la mayoría del código de Android bajo la licencia Apache, una licencia libre y de código abierto.

La estructura del sistema operativo Android se compone de aplicaciones que se ejecutan en un framework Java de aplicaciones orientadas a objetos sobre el núcleo de las bibliotecas de Java en una máquina virtual Dalvik con compilación en tiempo de ejecución. Las bibliotecas escritas en lenguaje C incluyen un administrador de interfaz gráfica (surface manager), un framework OpenCore, una base de datos relacional SQLite, una Interfaz de programación de API gráfica OpenGL ES 2.0 3D, un motor de renderizado WebKit, un motor gráfico SGL, SSL y una biblioteca estándar de C Bionic. El sistema operativo está compuesto por 12 millones de líneas de código, incluyendo 3 millones de líneas de XML, 2,8 millones de líneas de lenguaje C, 2,1 millones de líneas de Java y 1,75 millones de líneas de C++.

2.2.6.- App Inventor2

Figura 19. App inventor logo

Google App Inventor es una aplicación de Google Labs para crear aplicaciones de software para el sistema operativo Android. De forma visual y a partir de un conjunto de herramientas básicas, el usuario puede ir enlazando una serie de bloques para crear la aplicación. El sistema es gratuito y se puede descargar fácilmente de la web. Las aplicaciones fruto de App Inventor están limitadas por su simplicidad, aunque permiten cubrir un gran número de necesidades básicas en un dispositivo móvil.

Con Google App Inventor, se espera un incremento importante en el número de aplicaciones para Android debido a dos grandes factores: la simplicidad de uso, que facilitará la aparición de un gran número de nuevas aplicaciones; y el Android Marquet, el centro de distribución de aplicaciones para Android donde cualquier usuario puede distribuir sus creaciones libremente.

Google App Inventor es una aplicación de Google Labs para crear aplicaciones de software para el sistema operativo Android. De forma visual y a partir de un conjunto de herramientas básicas, el usuario puede ir enlazando una serie de bloques para crear la aplicación. El sistema es gratuito y se puede descargar fácilmente de la web. Las aplicaciones fruto de App Inventor están limitadas por su simplicidad, aunque permiten cubrir un gran número de necesidades básicas en un dispositivo móvil.

Con Google App Inventor, se espera un incremento importante en el número de aplicaciones para Android debido a dos grandes factores: la simplicidad de uso, que facilitará la aparición de un gran número de nuevas aplicaciones; y el Android

Marquet, el centro de distribución de aplicaciones para Android donde cualquier usuario puede distribuir sus creaciones libremente. [12][13]

Características

El editor de bloques de la aplicación utiliza la librería Open Blocks de Java para crear un lenguaje visual a partir de bloques. Estas librerías están distribuidas por Massachusetts Institute of Technology (MIT) bajo su licencia libre (MIT License). El compilador que traduce el lenguaje visual de los bloques para la aplicación en Android utiliza Kawa como lenguaje de programación, distribuido como parte del sistema operativo GNU de la Free Software Foundation. A continuación se muestra la interfaz gráfica en la siguiente imagen. [13]

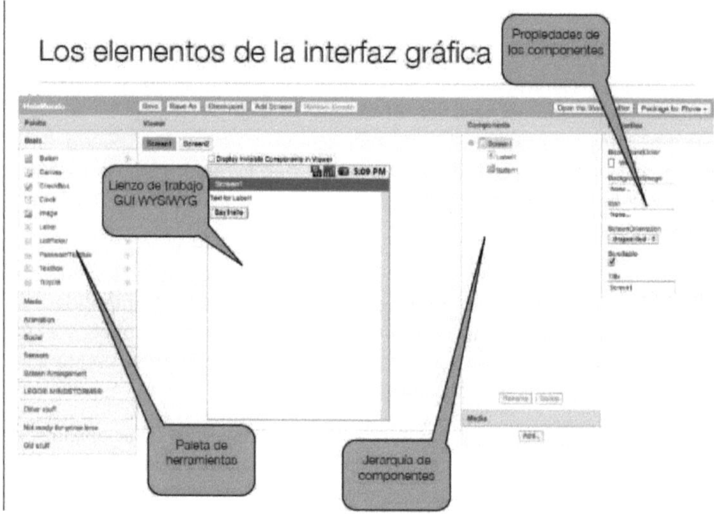

Figura 20. Interfaz app inventor.

2.2.7.- Modulo Bluetooth

Los módulos de bluetooth HC-05 y HC-06 son módulos muy populares para aplicaciones con microcontroladores PIC y Arduino. Se trata de dispositivos relativamente económicos y que habitualmente se venden en un formato que permite insertarlos en un protoboard y cablearlo directamente a cualquier microcontrolador, incluso sin realizar soldaduras. En esta entrada del blog se explica un poco del funcionamiento de estos módulos y como configurarlos. También se abordara las diferencias entre el HC-05 y el HC-06.

Figura 21. Símbolo del modulo

Módulo Bluetooth HC-05

El módulo de bluetooth HC-05 es el que ofrece una mejor relación de precio y características, ya que es un módulo Maestro-Esclavo, quiere decir que además de recibir conexiones desde una PC o tablet, también es capaz de generar conexiones hacia otros dispositivos bluetooth. Esto nos permite por ejemplo, conectar dos módulos de bluetooth y formar una conexión punto a punto para transmitir datos entre dos microcontroladores o dispositivos El HC-05 tiene un modo de comandos AT que debe activarse mediante un estado alto en el PIN34mientras se enciende (o se resetea) el módulo. En las versiones para protoboard este pin viene marcado como "Key". Una vez que estamos en el modo de comandos AT, podemos configurar el módulo bluetooth y cambiar parámetros como el nombre del dispositivo, password, modo maestro/esclavo, en la siguiente imagen se visualizan los pines del módulo. [14]

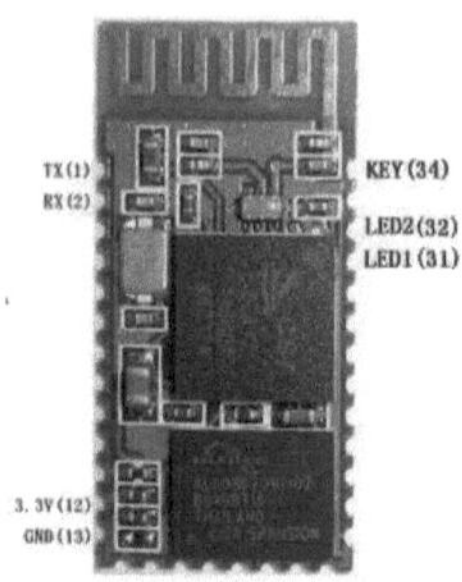

Figura 22. Modulo y pines

Para comunicarnos con el módulo y configurarlo, es necesario tener acceso al módulo mediante una interfaz serial. Podemos usar un arduino con un par de cables (aprovechando el puente USB-Serial del Arduino)

HC-06

En el HC-06 solo se necesitan cuatro pins: Vcc, GND, TXD y RXD. El pin KEY no es necesario.

Diferencias HC-05 vs HC-06 y como identificarlos

El HC-06 y HC-05 son como un mismo módulo. Esto se debe a que esencialmente el hardware es el mismo para ambos módulos. La única diferencia real es el firmware que viene cargado de fábrica. De hecho, si tenemos paciencia, podemos convertir un HC-06 a un HC-05 nosotros mismos con solamente cambiar el firmware de los módulos, pero quedas advertido: ¡Hay que construir la interfaz de programación!

Existen unos módulos aptos para insertarse en el protoboard que permite una fácil identificación del módulo soldado antes de comprar. En estos módulos, los HC-05 normalmente tienen dos pines extra (además de TX, RX, VCC, GND) etiquetado como "Key" y "State". El pin "key" es necesario para entrar al modo de comandos AT en el módulo HC-05 (pin 34) y por lo tanto, solo se instala cuando el módulo de bluetooth a bordo es un HC-05. También se puede identificar si se trata de un HC-05 por la forma en que se identifican con otros dispositivos bluetooth: El HC-05 se identifica como "HC-05", mientras que el HC-06 se identifica como "Linvor" o "HC-06". [14]

Figura 23. Módulos bluetooth

Interfaz de configuración de comandos AT en HC-05

El puerto serie en modo de configuración para el HC-05 debe configurarse de la siguiente manera: **34800 bps, 8 bits de datos, Sin paridad, Sin control de flujo.** Para entrar al modo de comandos AT seguimos los siguientes pasos:

1. Poner a estado alto en el pin 34 (PIO11)
2. Conectar la alimentación del módulo (o resetearlo de preferencia)
3. Enviar un comando **AT\r\n** para comprobar que estemos en modo de comando AT.

En la tabla 3 esta una compilación de los comandos que consideramos importantes

Tabla 3. Comandos importantes

1	AT\r\n	Comando de prueba, debe responder con OK\r\n
2	AT+ROLE=1\r\n	Comando para colocar el módulo en modo Maestro (Master)
3	**AT+ROLE=0\r\n**	Comando para colocar el módulo en modo Esclavo (Slave)
4	**AT+VERSION?\r\n**	Obtener la versión del firmware
5	**AT+UART=115200,1,2\r\n**	Configurar el modo de funcionamiento del puerto serie en "modo puente"
6	**AT+PIO=10,1\r\n**	Colocar el pin de IO de propósito general a nivel alto

Interfaz de configuración de comandos AT en HC-06

El **HC-06 tiene un firmware distinto** y también un funcionamiento distinto en cuanto a su modo de configuración. Para poder configurar el HC-06 es necesario que este **NO esté emparejado ni siendo usado por ningún dispositivo**. De igual forma que el HC-05 es necesario conectarlo a la PC y usar un programa de terminal para darle instrucciones de configuración (Comandos AT), aunque también podemos escribir un programa de arduino o en un microcontrolador para configurarlo.

El módulo HC-06 acepta un set muy básico de comandos (algo raros por cierto), que permite pocas configuraciones, pero que sin duda será útil para personalizar este económico módulo y configurarlo para satisfacer las necesidades de la aplicación. [14]

Tabla 4. Comandos que soporta son:

1	Prueba de funcionamiento
2	**Enviar:** AT
3	**Recibe:** OK
4	Configurar el Baudrate: **Enviar:** AT+BAUD<Numero> El parámetro número es un caracter hexadecimal de '1' a 'c' que corresponden a los siguientes Baud Rates: 1=1200, 2=2400, 3=4800, 4=9600, 5=19200, 6=38400, 7=57600, 8=115200, 9=230400, A=460800, B=921600, C=1382400
5	**Recibe:** OK<baudrate>
6	Configurar el Nombre de dispositivo Bluetooth: **Enviar:** AT+NAME<Nombre>
8	**Recibe:** OK setname
9	Configurar el código PIN de emparejamiento: **Enviar:** AT+PIN<pin de 4 digitos>
10	**Recibe:** OK<pin de 4 digitos>
11	Obtener la versión del firmware: **Enviar:** AT+VERSION
12	**Recibe:** Linvor1.8

Conexión básica con Arduino

Las conexiones para realizar con arduino son bastante sencillas. Solamente requerimos colocar como mínimo la alimentación y conectar los pines de transmisión y recepción serial (TX y RX). Hay que recordar que en este caso los pines se debe conectar cruzados TX Bluetooth -> RX de Arduino y RX Bluetooth -> TX de Arduino. La siguiente imagen muestra las conexiones básicas para que funcione el módulo

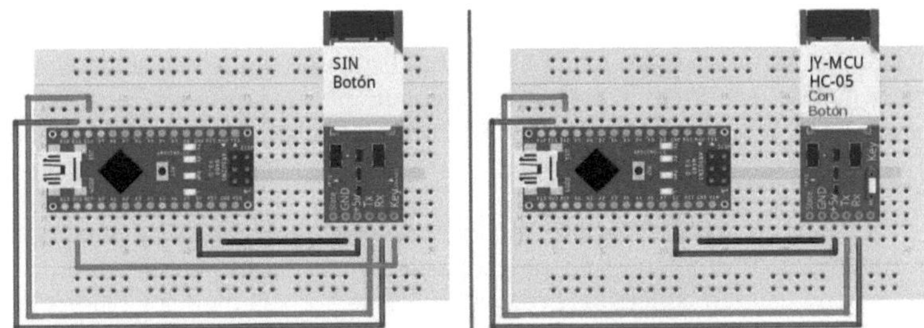

Figura 24. Arduino y bluetooth conectados

3 METODOLOGIA

Para que se efectué una mejor comunicación entre personas sordomudas con las personas norma oyentes, se desarrolló un dispositivo a partir del uso de sensores flexibles, acelerómetros y giroscopios ubicados en la mano, en el caso de los sensores flexibles en las articulaciones de los dedos, los acelerómetros y giroscopio en la carpo de la mano, todos ellos acoplados a guantes para el censado de los movimientos que hace la mano. Para una mejor explicación se desarrollara en 3 partes, que es Hardware, software e interfaz gráfica.

Una vez establecida la base del proyecto que queda expuesta en el apartado anterior, comenzó el desarrollo del mismo, lo que requería concretar ciertos aspectos que aún no habían sido estudiados. En este capítulo se expondrán los pasos seguidos en orden cronológico, dejando para el próximo apartado las modificaciones, ensayos y pruebas que se realizaron hasta llegar al prototipo final.

3.1.- Diagrama hardware

Como se puede ver en el diagrama tenemos que los sensores flex y el mpu-6050 irán conectados al arduino nano respectivamente en cada guante, en cual los arduinos nano estarán conectados respectivamente por sus módulos bluetooth los cuales se emplearán para enviar información a un celular el cual usaráuna aplicación de andriod para que funcione como salida de voz.

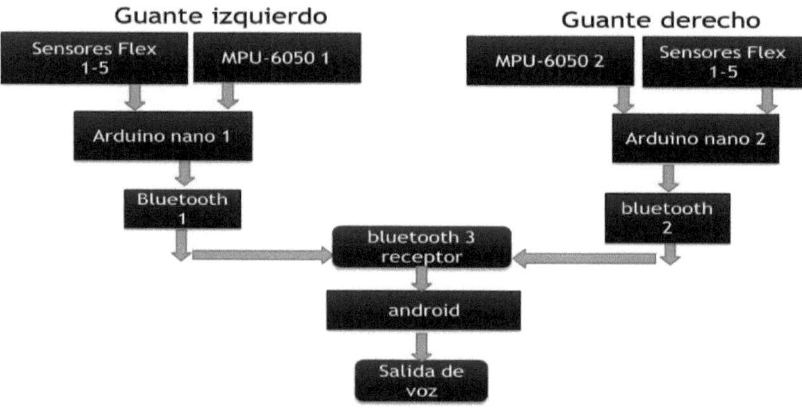

Figura 25. Diagrama hardware

3.2.- Pruebas del sensor flexible

Los sensores flexibles tienen 2 conectores el cual uno sirva para que reciba la alimentación de voltaje que provendrá del arduino y el otro sirva para que valla a tierra pero además también le envía datos al arduino. Después se conectó el sensor flexible con el arduino para probar la funcionalidad del mismo

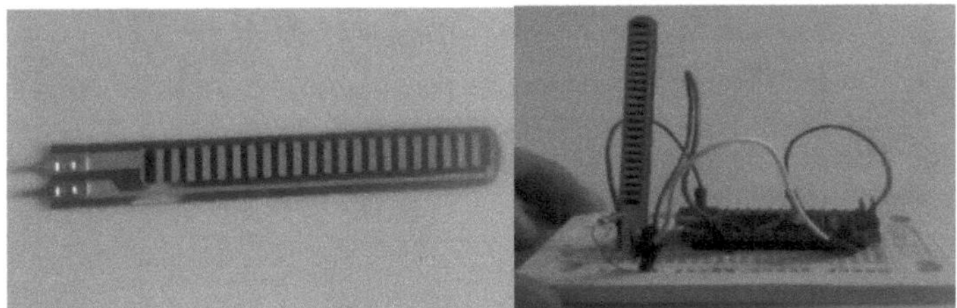

Figura 26. Sensor flexible en uso

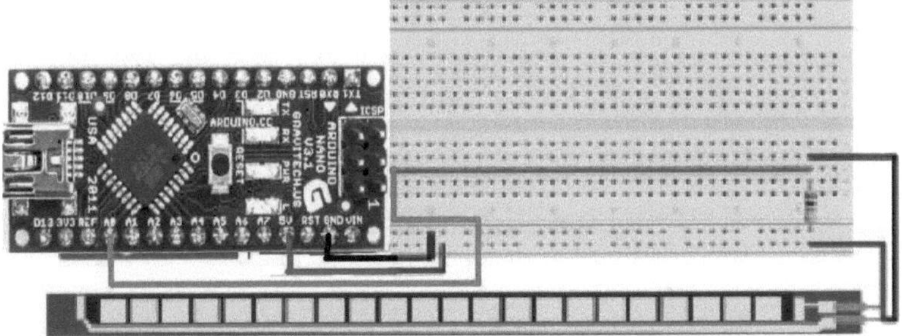

Figura 27. Conexión del sensor flexible con el arduino nano

Después de las pruebas del funcionamiento del sensor flexible, se le soldó 15 centímetros de cable estañado de calibre 22, en la cual utilizamos dos colores diferentes, color amarillo y color negro, el cable amarillo fue para la alimentación de los 5 volts y el cable negro para el envío de señal al arduino. Se eligió este tipo de cable debido a que tiene una mejor movilidad que otros tipos de cables.

Luego se cubrió todo el cable y patas del sensor con thermofit que sirvió como aislante y así proteger el sensor flexible.

Figura 28. Sensor flexible protegido con thermofit

Durante la construcción de los guantes se pensó en como sostener los sensores flexibles en los dedos para que esto no se mueva de su posición y así no afectar en la programación, para que esto no pasara se hizo un guante con doble capa y así a su vez no se notara todo el cableado.

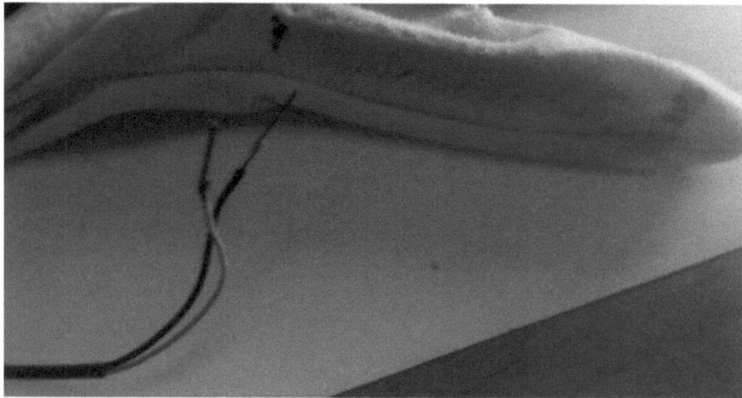

Figura 29. Sensor flexible en guante

Con el sensor flexible ya colocado en el guante nos dispusimos a conectar el sensor flexible en el arduino usando un mini proto y se ató el mini proto al antebrazo para asi poder hacer pruebas con el sensor flexible.

Figura 30. Sensor flexible en prueba

3.2.1.- Caracterización de los sensores flexibles

En la caracterización de los sensores flexibles se hizo uso de Excel para graficar la curvatura del sensor ya estando colocado en el guante, los datos que recibimos en de los sensores flexibles son la división de 1024 bits entre el voltaje que se recibió del arduino.

A continuación las gráficas de los sensores flexibles:

Dedos de la mano derecha

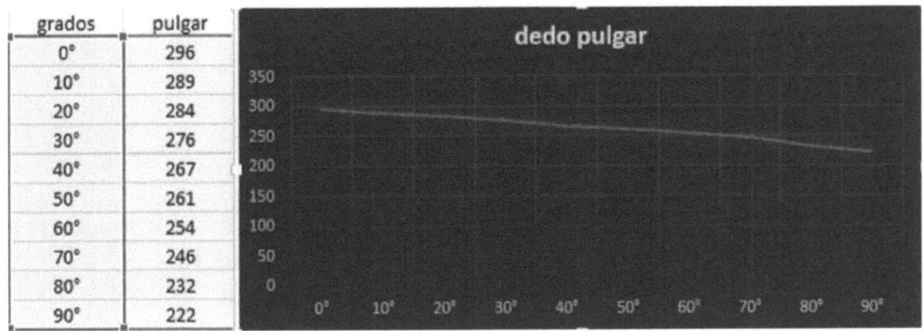

grados	pulgar
0°	296
10°	289
20°	284
30°	276
40°	267
50°	261
60°	254
70°	246
80°	232
90°	222

Figura 31. Dedo pulgar derecho

En la figura 31 nos muestra nuestro rango de movimiento de los sensores flexibles, en el que nos enfocamos en sus movimientos de 0 a 90 grados en el cual

37

los sensores flexibles varían entre 300 y 200 y por lo tanto esto nos indica que tenemos un amplio rango de movimiento.

0° cuando el sensor flexible se encuentra en su forma original ya utilizando los dedos de la mano y 90° cuando el sensor flexible se encuentra el sensor flexible junto al dedo de la mano en forma de puño.

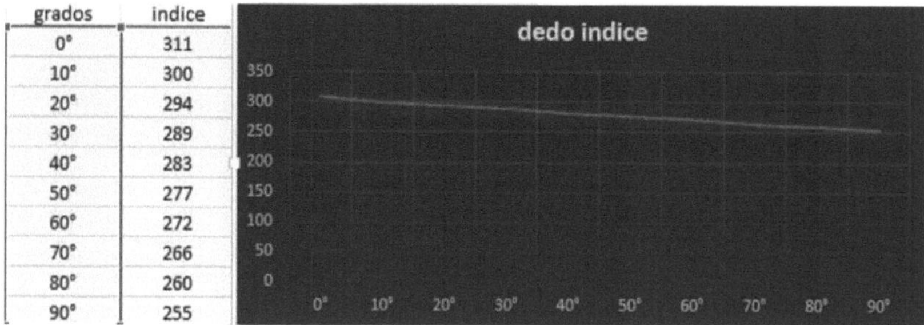

grados	indice
0°	311
10°	300
20°	294
30°	289
40°	283
50°	277
60°	272
70°	266
80°	260
90°	255

Figura 32. Dedo índice derecho

En la figura 32 se muestra la dirección que toma la línea a diferencia de la figura 31, esto se debe a que los dedos de la mano tiene diferentes dimensiones de tamaño, estas diferencias se verán en todo los dedos tanto de la mano izquierda y de la mano dereha.

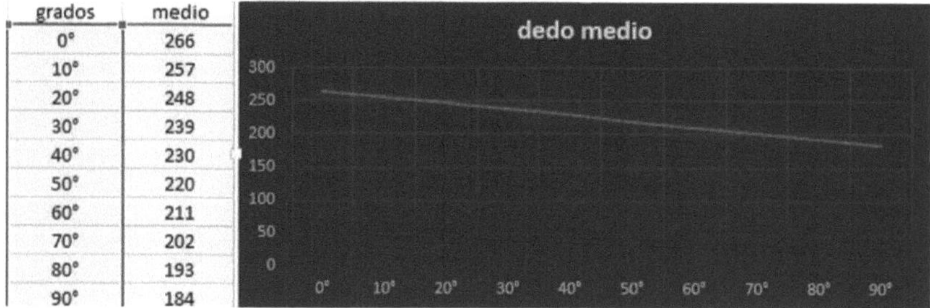

grados	medio
0°	266
10°	257
20°	248
30°	239
40°	230
50°	220
60°	211
70°	202
80°	193
90°	184

Figura 33. Dedo medio derecho

grados	anular
0°	310
10°	297
20°	284
30°	271
40°	259
50°	246
60°	233
70°	220
80°	208
90°	195

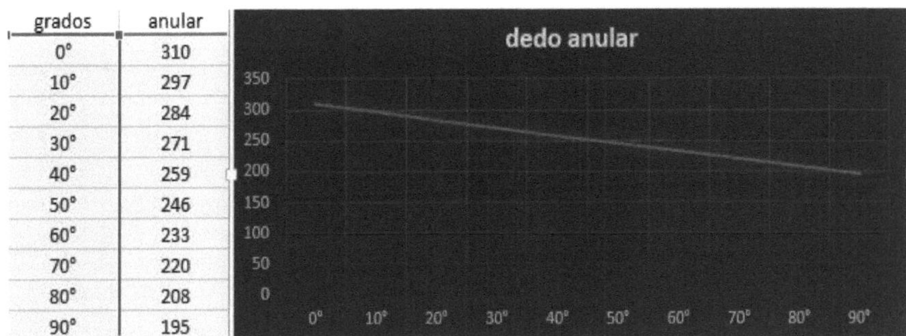

Figura 34. Dedo anular derecho

grados	menique
0°	325
10°	311
20°	298
30°	284
40°	270
50°	257
60°	243
70°	229
80°	216
90°	202

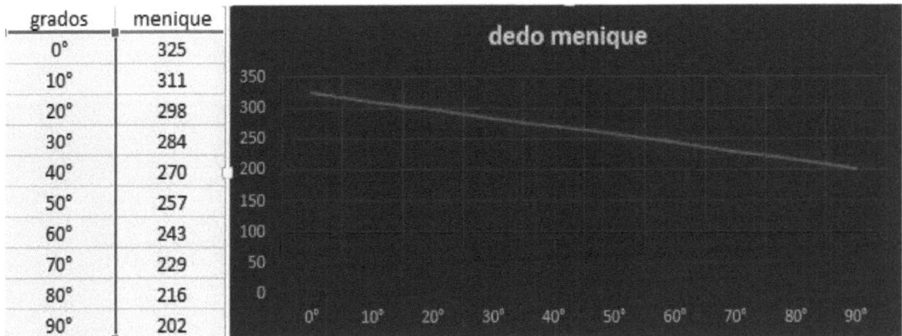

Figura 35. Dedo menique derecho

Dedos de la mano izquierda

grados	pulgar
0°	273
10°	261
20°	251
30°	240
40°	229
50°	217
60°	207
70°	195
80°	184
90°	173

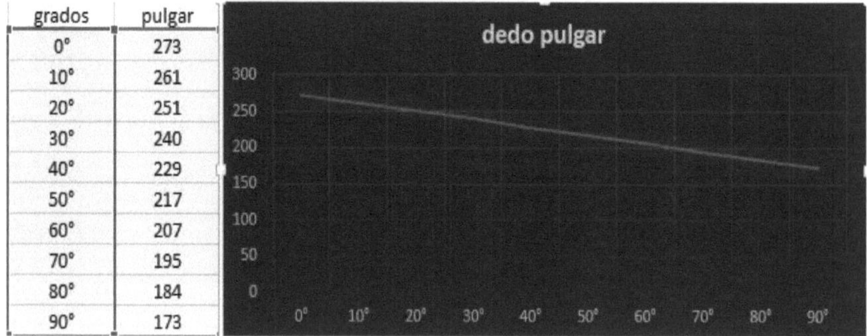

Figura 36. Dedo pulgar izquierdo

grados	indice
0°	271
10°	264
20°	257
30°	250
40°	244
50°	237
60°	230
70°	223
80°	217
90°	210

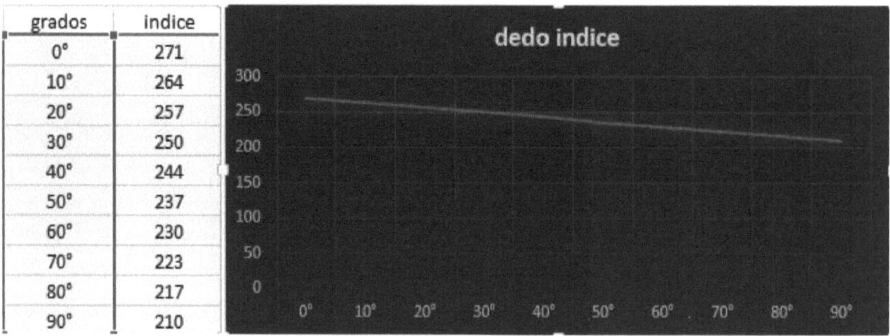

Figura 37. Dedo índice izquierdo

grados	medio
0°	307
10°	299
20°	292
30°	284
40°	276
50°	269
60°	261
70°	253
80°	246
90°	238

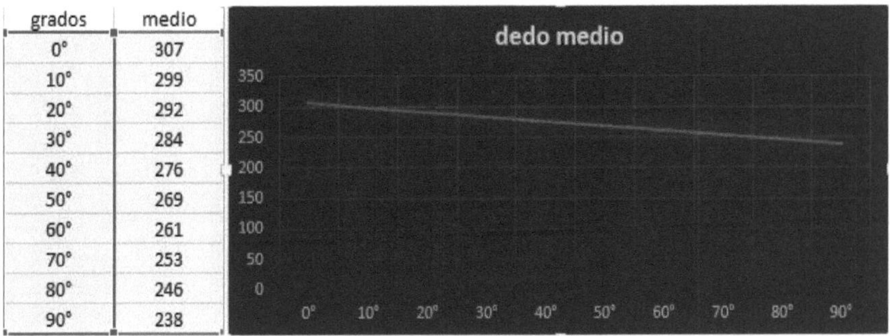

Figura 38. Dedo medio izquierdo

grados	anular
0°	300
10°	291
20°	282
30°	273
40°	263
50°	254
60°	245
70°	236
80°	227
90°	218

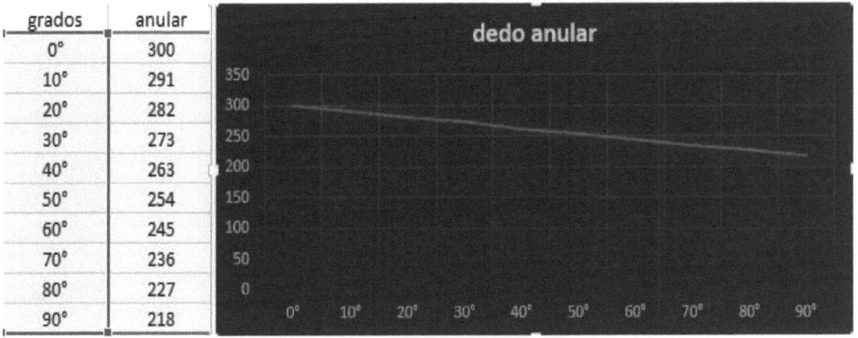

Figura 39. Dedo anular izquierdo

grados	menique
0°	310
10°	301
20°	292
30°	283
40°	274
50°	265
60°	257
70°	248
80°	239
90°	230

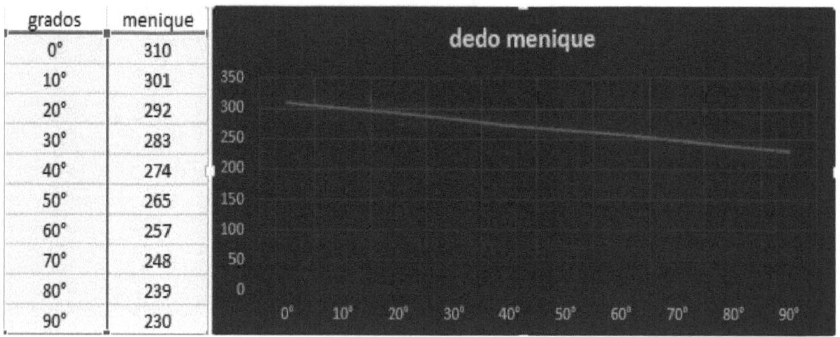

Figura 40. Dedo menique izquierdo

Teniendo los datos de los sensores flexibles ya acoplados con los dedos de las manos, ya podemos generar combinaciones con los dedos de las manos, además de que en cado sensor flexible los datos son diferentes entre ellos.

En la figura 41 se muestra un ejemplo de la palabra "buenos días", solo usando los sensores flexibles.

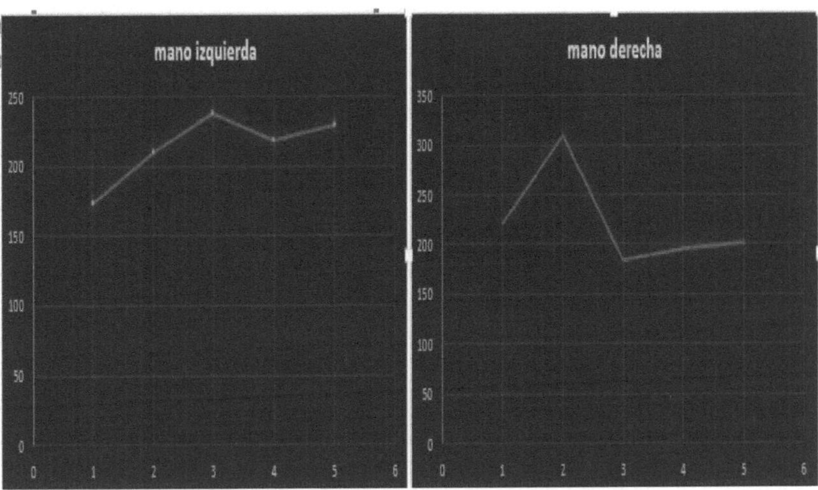

Figura 41. Ejemplo de "buenos días"

Para mostrar cómo funcionan los sensores ya formando una palabra, en este caso "buenos días" se hicieron 2 graficas, una para la mano izquierda y otra para la mano derecha y con esto lograremos ver el funcionamiento de los sensores ya formando una palabra.

En la mano izquierda se muestra una leve curva, esto se debe a que la mano derecha está haciendo puño y por lo tanto la gráfica de la figura 41 muestra que la línea está entre los 170 y 230 unidades por lo que se muestra en las gráficas anteriores, por lo cual significa que los dedos están entre los 90° y 80°, ahora en la mano derecha se muestra una curva muy pronunciada, esto es debido a que solo un dedo de la mano derecha permanece entre los 0° y 10°, se logra notar porque esa curva comprende arriba de las 300 unidades y en las gráficas anteriores significa que el sensor permanece extendido o en este caso el dedo índice.

43

3.3.- Caracterización del MPU 6050.

Tras realizar la conexión que se ve en la imagen, se cargó el primer programa que consistía en el establecimiento de la comunicación con el sensor, activación del mismo, y lectura de los registros en los que se almacenan los datos obtenidos.

Figura 42. Conexionado del sensor MPU 6050

Posteriormente se incluyeron funciones que habilitaban el uso del software Parallax-DAQ, que permite enviar datos al programa Excel, lo cual es muy útil para tratar los datos y obtener gráficas. Al tener realizar una serie de movimientos del sensor en su mismo eje se observa la gráfica dada por el software, son los datos obtenidos del sensor.

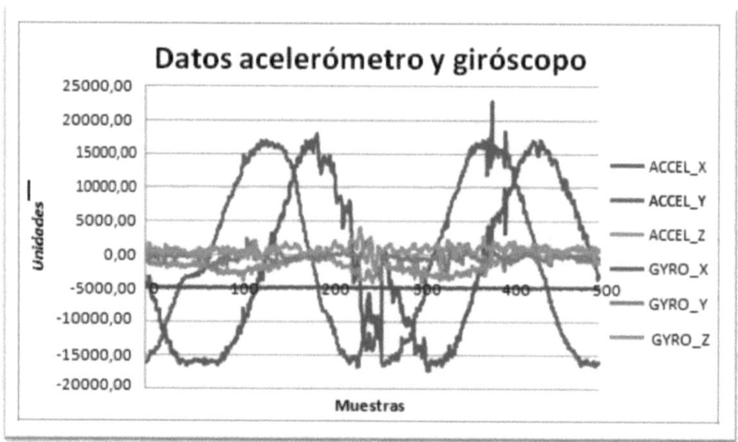

Figura 43. Toma de datos con el sensor en movimiento

3.3.1.- Obtención del ángulo.

Para la obtención del ángulo se desarrollaron 2 nuevas funciones, una para transformar los datos obtenidos por el acelerómetro y otra para los del giróscopo.

Acelerómetro: de este sensor obtenemos información de cómo afecta la gravedad a los ejes, el ángulo formado se calculará a partir de una relación trigonométrica entre los valores obtenidos.

Sabiendo que la gravedad es 9.8 m/s², y sabemos que medición dan los tres ejes del acelerómetro, por trigonometría es posible calcular el ángulo de inclinación de la IMU. Una fórmula para calcular el ángulo es:

$$angulo\ Y = a\tan\frac{Y}{\sqrt{Y^2 + Z^2}}$$

$$angulo\ X = a\tan\frac{Y}{\sqrt{X^2 + Z^2}}$$

Se establecieron rangos para detectar en qué dirección se mueve el sensor, ya que de este dispositivo se obtiene datos digitales. Para leer los datos e interpretar las funciones se desarrolló varias funciones.

La web oficial de Arduino dispone de un ejemplo para leer datos de la MPU-6050. Aunque sé que modificó considerablemente ya que sólo da los valores sin refinar del Giroscopio y el Acelerómetro. Empezamos por las declaraciones.

Tabla 5. Declaraciones

```
1    #include <Wire.h>
2
3    //Direccion I2C de la IMU
4    #define MPU 0x68
5
6    //Ratios de conversion
7    #define A_R 16384.0
8    #define G_R 131.0
9
10   //Conversion de radianes a grados 180/PI
11   #define RAD_A_DEG = 57.295779
12
13   //MPU-6050 da los valores en enteros de 16 bits
14   //Valores sin refinar
15   int16_t AcX, AcY, AcZ, GyX, GyY, GyZ;
16
17   //Angulos
18   float Acc[2];
19   float Gy[2];
20   float Angle[2];
```

La primera línea incluye la librería Wire.h, necesaria para la interacción vía protocolo I2C.

#define MPU 0x68 es la dirección I2C de la IMU que se especifica en la documentación oficial (datasheet).

Los ratios de conversión son los especificados en la documentación. Se deberá dividir los valores que nos dé el Giroscopio y el Acelerómetro entre estas constantes para obtener un valor coherente. RAD_A_DEG es la conversión de radianes a grados.

La IMU da los valores en enteros de 16 bits. Como Arduino los guarda en menos bits, hay que declarar las variables que almacenarán los enteros provenientes de la IMU como un tipo de enteros especiales. int16_t AcX, AcY, AcZ, GyX, GyY son, pues, los raw_values de la IMU.

Finalmente tenemos tres arrays (Acc[], Gy[], Angle[]) que guardan el ángulo X, Y del Acelerómetro, el Giroscopio y el resultado del Filtro respectivamente. [0] se corresponde a X. [1] a Y.

La función setup es la siguiente:

Tabla 6. Función setup

```
1   void setup()
2   {
3   Wire.begin();
4   Wire.beginTransmission(MPU);
5   Wire.write(0x6B);
6   Wire.write(0);
7   Wire.endTransmission(true);
8   Serial.begin(9600);
9   }
```

Se inicia la comunicación por I2C con el dispositivo MPU, y se "activa" enviando el comando 0. También se inicia el puerto de serie para ver los resultados.

El void loop es un poco más complejo. Se leen y guardan los datos de la IMU, se calcula el ángulo y se aplica el filtro complementario.

Tabla 7. Aplicando filtro complementario

```
1   void loop()
2   {
3       //Leer los valores del Acelerometro de la IMU
4       Wire.beginTransmission(MPU);
5       Wire.write(0x3B); //Pedir el registro 0x3B - corresponde al AcX
6       Wire.endTransmission(false);
7       Wire.requestFrom(MPU,6,true); //A partir del 0x3B, se piden 6 registros
8       AcX=Wire.read()<<8|Wire.read(); //Cada valor ocupa 2 registros
9       AcY=Wire.read()<<8|Wire.read();
10      AcZ=Wire.read()<<8|Wire.read();
11
12       //Se calculan los angulos Y, X respectivamente.
13       Acc[1] = atan(-1*(AcX/A_R)/sqrt(pow((AcY/A_R),2) +
14   pow((AcZ/A_R),2)))*RAD_TO_DEG;
15       Acc[0] = atan((AcY/A_R)/sqrt(pow((AcX/A_R),2) +
16   pow((AcZ/A_R),2)))*RAD_TO_DEG;
17
18       Wire.beginTransmission(MPU);
19       Wire.write(0x43);
20       Wire.endTransmission(false);
21       Wire.requestFrom(MPU,4,true); //A diferencia del Acelerometro, solo se
22   piden 4 registros
23       GyX=Wire.read()<<8|Wire.read();
24       GyY=Wire.read()<<8|Wire.read();
25
26       //Calculo del angulo del Giroscopio
27       Gy[0] = GyX/G_R;
28       Gy[1] = GyY/G_R;
29
30       //Aplicar el Filtro Complementario
31       Angle[0] = 0.98 *(Angle[0]+Gy[0]*0.010) + 0.02*Acc[0];
32       Angle[1] = 0.98 *(Angle[1]+Gy[1]*0.010) + 0.02*Acc[1];
33
34       //Mostrar los valores serial monitor
35       Serial.print("Angle X: "); Serial.print(Angle[0]);
36       Serial.print("Angle Y: "); Serial.print(Angle[1]);
37       delay(10);
    }
```

En el Monitor de serie, se visualiza como van oscilando los números muy rápidamente. Al girar la IMU y detener el Desplazamiento Automático para ver cómo cambian los ángulos. Para la visualización de estos datos en Excel se le agrego códigos para vincular y enviar los datos a una hoja, para así manipular los valores para aplicarlas en los guantes, cabe mencionar que no se puede utilizar serial monitor mientras que se mantiene una interfaz con hoja de excel, es una gran herramienta ya que permite graficar y ver el comportamiento del dispositivo para adecuarlas a los guantes posteriormente.

Código para el uso de Parallax-DAQ [15]

Tabla 8. Uso de parallax

```
        Parte incluida en el bucle de configuración:

void setup(){
        ...
        // Configura captura de datos con Parallax_DAQ
        // Mostrará en Excel: TiempoAcX, AcY, AcZ, GyX, GyY ,Acc, Gy, Angle.

        Serial.println("CLEARDATA");
        Serial.println("LABEL, TIME, TiempoAcX, AcY, AcZ, GyX, GyY ,Acc, Gy, Angle.");
        ...
}
void loop(){
        ...
        // Print the raw values.
        //
        Serial.print(F("DATA, TIME, "));
        Serial.print(acc_gyro.value.acc_x, DEC);
        Serial.print(F(", "));
        Serial.print(acc_gyro.value.acc_y, DEC);
        Serial.print(F(", "));
        Serial.print(acc_gyro.value.acc_z, DEC);
        Serial.print(F(", "));
        Serial.print(acc_gyro.value.gyro_x, DEC);
        Serial.print(F(", "));
        Serial.print(acc_gyro.value.gyro_y, DEC);
        Serial.print(F(", "));
        Serial.print(acc_gyro.value.gyro_z, DEC);
        Serial.println(F(", "));
}
```

Estas configuraciones fueron necesarias para trabajar con el módulo y con ella interpretar los datos adquiridos.

Lecturas del giroscopio nos proporciona medidas de velocidad angular, para la obtención del ángulo será necesaria una función que integre dichos valores.

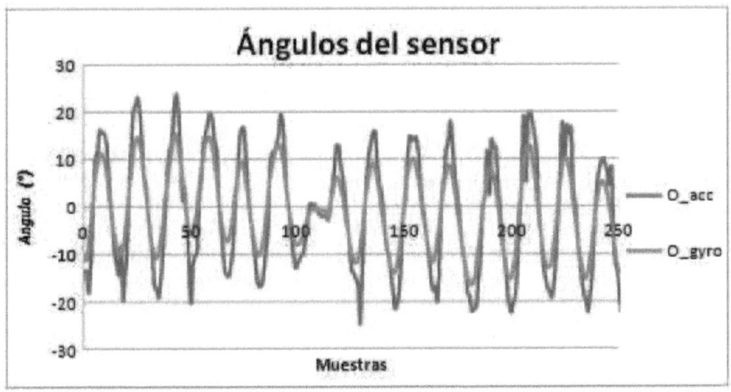

Figura 44. Ángulos obtenidos con el acelerómetro y giroscopio

De los resultados obtenidos cabría destacar que el ángulo obtenido mediante los acelerómetros varía con mayor rapidez siendo también más ruidoso. Por el contrario, el generado por los giróscopos varía de forma más lenta aunque contiene menor cantidad de ruido.

La combinación de ambos para obtener una estimación del ángulo que aúne las mejores propiedades de una y otra medida se verá en el siguiente apartado.

3.3.2.- Filtro complementario.

El uso de los ángulos obtenidos mediante las funciones del apartado anterior puede presentar problemas o inconvenientes como offsets, los ruidos de las medidas con los acelerómetros, que pueden indicar valores falsos, o derivas producidas al tener que integrar los valores del giróscopo. Para poder obtener medidas que se ajusten lo máximo posible a la realidad del sistema, necesitaremos de algún otro medio como el filtro complementario.

El uso de este método requiere de un acondicionamiento previo de los valores obtenidos, en primer lugar deben ser eliminados los offsets de los sensores, algo que es implementado con la función del Anexo 5. También es necesario ajustar o escalar los datos obtenidos por los sensores de una forma adecuada, esto se hará teniendo en cuenta la sensibilidad, se encuentra ya incluido en los anexos 3 y 4 de obtención de ángulos. Obtendremos así los datos de ángulo deseados.

El filtro complementario basa su actuación en los siguientes puntos:

Formula:

$$\text{Ángulo} = (Valor\ filtro\ paso\ alto) * (\text{ángulo} + valor\ integrado\ del\ giróscopio) + (valor\ filtro\ paso\ bajo) * (valor\ del\ acelerometro)$$

-   Filtro paso bajo: este tipo de filtro no deja pasar cambios rápidos, como en la medida obtenida de los acelerómetros. De esta manera eliminamos el ruido propio de este sensor.

-   Integración: como se ha comentado previamente, este elemento es necesario para obtener el ángulo a partir de medidas de velocidad angular.

$$\text{Ángulo giróscopio} = \text{ángulo previo} + valor\ del\ gróscopio * tiempo$$

-   Filtro paso alto: es el método empleado para eliminar la deriva de los giróscopos. Este tipo de filtro funciona de manera contraria al paso bajo, permitiendo el paso de cambios rápidos y evitando el de cambios lentos (deriva).

-   Constante de tiempo: a la hora de obtener los valores para los filtros, es tenido en cuenta la velocidad a la que se muestrea el sistema o se realiza el bucle de medida, así como hasta que punto actuará en las señales de los sensores.

$$\text{Contante de tiempo} = \left(\frac{valor\ filtro\ paso\ alto * tiempo\ de\ muestreo}{1 - valor\ filtro\ paso\ alto} \right)$$

Complementario: indica que las 2 partes que componen el filtro suman 1. Apreciable en los términos (valor filtro paso alto) y (1 - valor filtro paso alto).

El esquema obtenido por tanto sería:

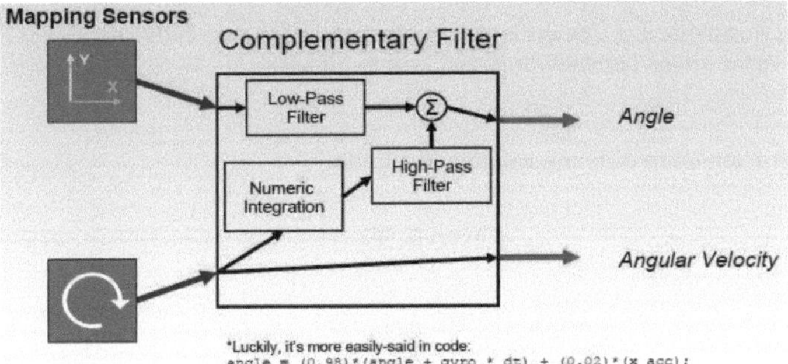

Figura 45. Diagrama filtro complementario

El resultado que se obtuvo del empleo del filtro:

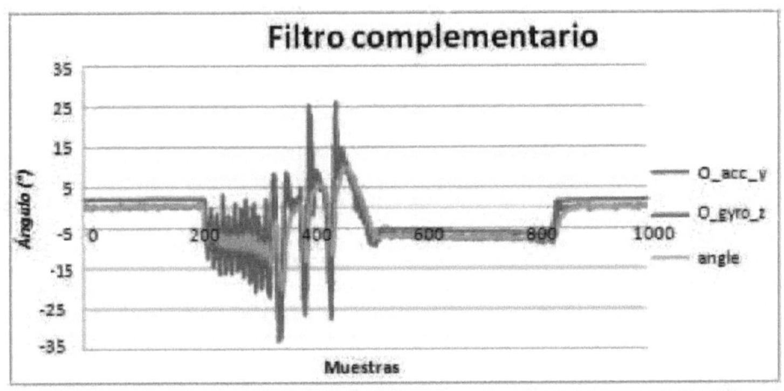

Figura 46. Datos obtenidos con el filtro complementario

La imagen superior corresponde a un ajuste del filtro con valor de filtro paso alto 0.90. Se observan los valores arrojados por el acelerómetro en azul, el giróscopo en rojo, y en verde la estimación del ángulo realizada. Son destacables los efectos que han sido anteriormente descritos y que pueden apreciarse:

- Seguimiento de los valores como referencia del acelerómetro y eliminación de esta forma de la deriva, se observa en los tramos de 0-200, 500-800 y 850-1000.

51

- Seguimiento del valor del giróscopo cuando el sensor se mueve, evitando todo el ruido propio de los acelerómetros. Tramo 200-500.

- La estimación introduce un retraso, es decir, es más lenta. Esto puede verse en los cambios bruscos. Tramo 350-500.

Comparación entre distintos valores de filtrado:

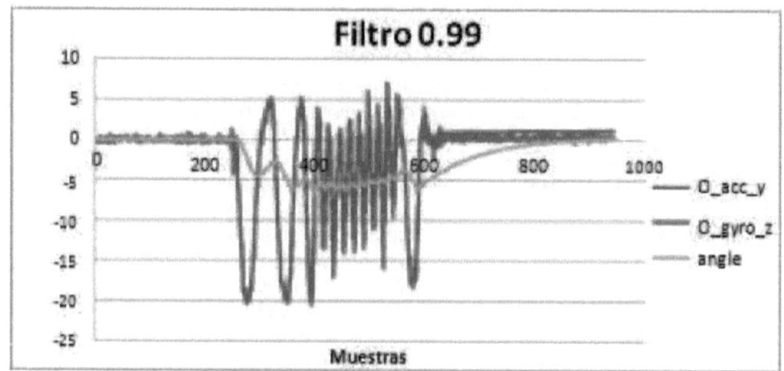

Figura 47. Filtro complementario 0.99

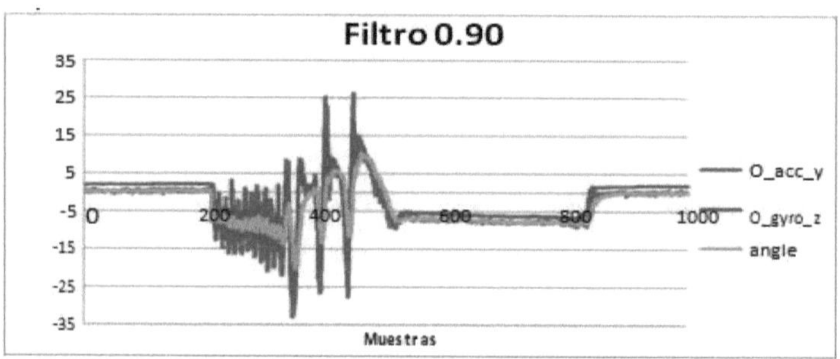

Figura 48. Filtro complementario 0.90

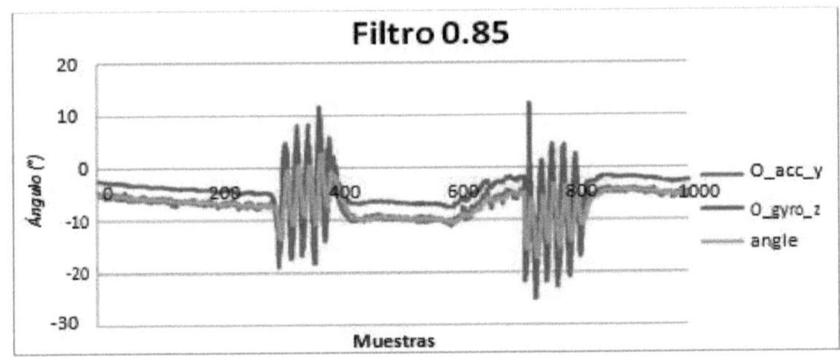

Figura 49. Filtro complementario 0.85

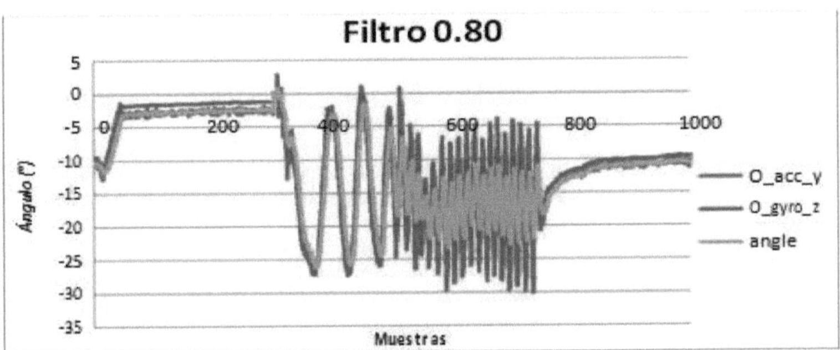

Figura 50. Filtro complementario 0.80

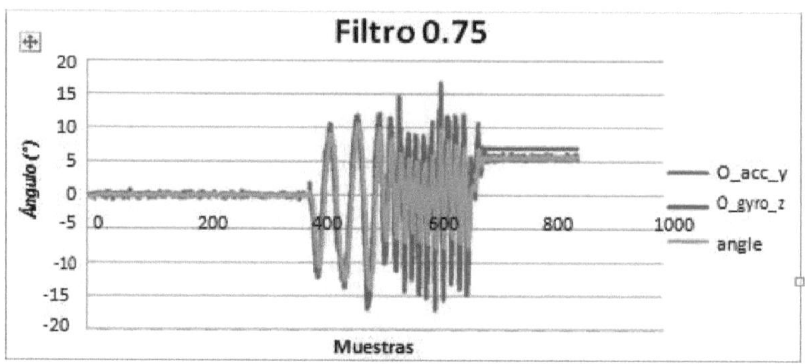

Figura 51. Filtro complementario 0.75

Resultados del sensor MPU 6050:

-Mientras que la corrección de la deriva se mantiene, y se evita la introducción de ruido, el descenso del valor del filtro paso alto tiene como consecuencia la aceptación, cada vez, de cambios más rápidos.

-La respuesta es muy lenta para valores altos, ya que prima la información proveniente del giróscopo, esto puede apreciarse de forma notable en la primera de las imágenes con un valor de 0.99.

-Conforme se desciende, la respuesta se agiliza debido al mayor peso de la información del acelerómetro. Un descenso excesivo puede conllevar que la señal que obtengamos sea de peor calidad al pasar por el filtro algo más de ruido de este sensor.

- El ajuste final de estos valores de realizará de forma experimental.

3.4.- Creación de la placa

3.4.1.- Diagrama de conexiones

Como se puede ver en la figura 52. Se nos muestra todos los componentes que nos servirán para el funcionamiento de los guantes, para este proyecto se optó de que la placa en el cual se encontraría el arduino nano fuese pequeño para tener una mejor comodidad al generar los movimientos de la mano y de la muñeca.

Los componentes se pusieron en sus respectivos lugares en el arduino nano los cuales fueron; para los sensores flex se colocaron en las entradas analógicas A0, A1, A2, A3y A6 respectivamente para cada guante, la razón de que permanezcan en ese lugar fue para que os sensores detectaran y midieran el movimiento de los dedos. El sensor MPU-6050 se usó en las entradas analógicas A4 y A5, para que detectara y midiera el movimiento y la posición. Y por último tenemos el módulo bluethoot que se encontrara en la placa, este sirvió para mandar la señal a un teléfono móvil que se empleó como dispositivo de salida.

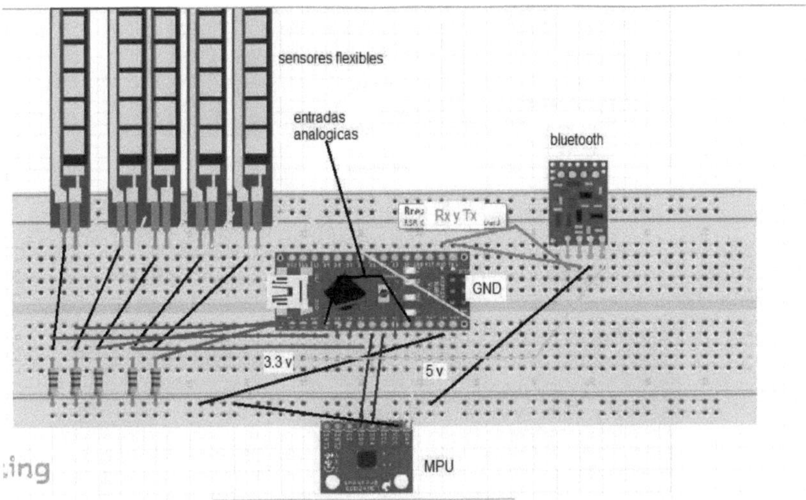

Figura 52. Diagrama de conexión

3.4.2.- Simulaciones

Ya teniendo los datos del sensor MPU y del sensor flexible nos dispusimos hacer la creación de la placa en el cual hicimos la simulación con el programa ARES PROTEUS 8 y así también hacer la simulación en 3D.

Durante la realización de la placa en PCB tuvimos muchos problemas en hacer la placa muy pequeña ya que nuestra primera opción fue hacerla con una placa de común de una sola vista, y por lo tanto la placa era muy grande para el uso que se le iba a dar.

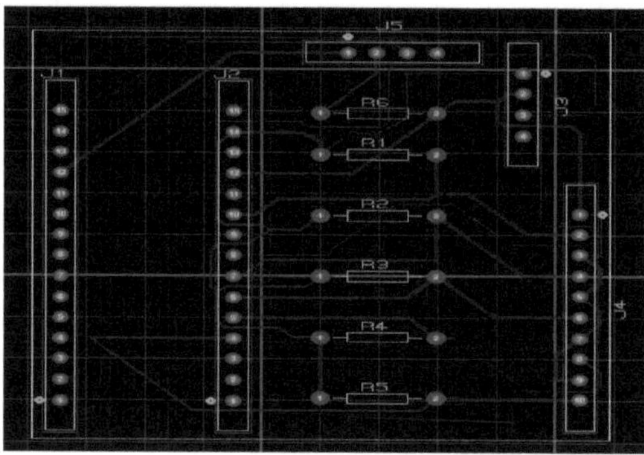

Figura 53. Primera simulación

Una alternativa que tuvimos y que si nos funciono fue hacerla en una placa de doble vista y por lo tanto nuestros resultados fueron positivo, la placa fue más pequeña que la anterior que era de 10x10 la nueva simulación fue de casi 5x2.6.

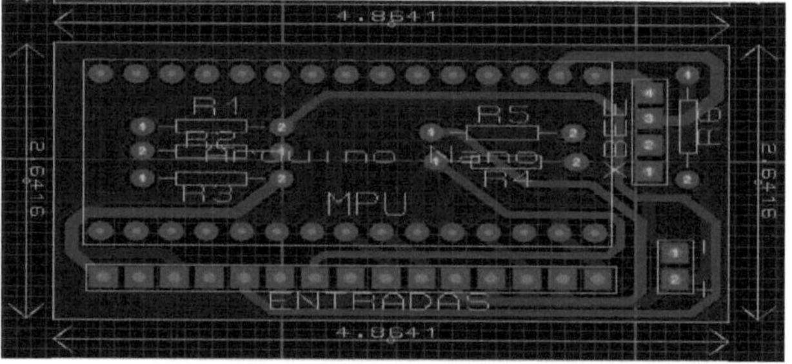

Figura 54. Simulación para el guante

Figura 55. Placa en 3D parte de adelante

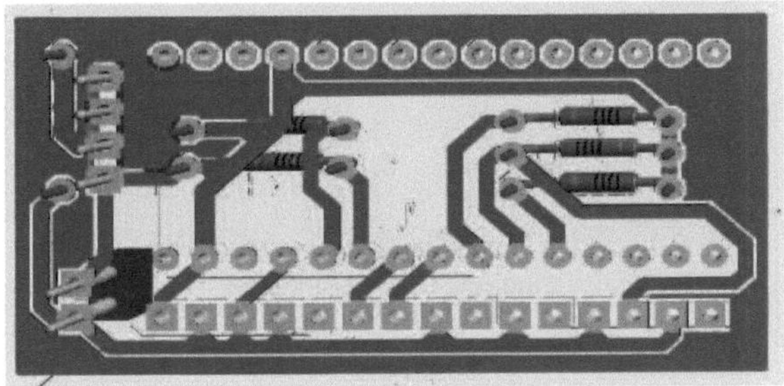

Figura 56. Placa 3D parte de atrás

Mientras se soldaba la placa presentábamos problemas en el cual se nos escurría el estaño como se ve en la figura 57, así que usamos una punta más fina para la soldadura de la placa.

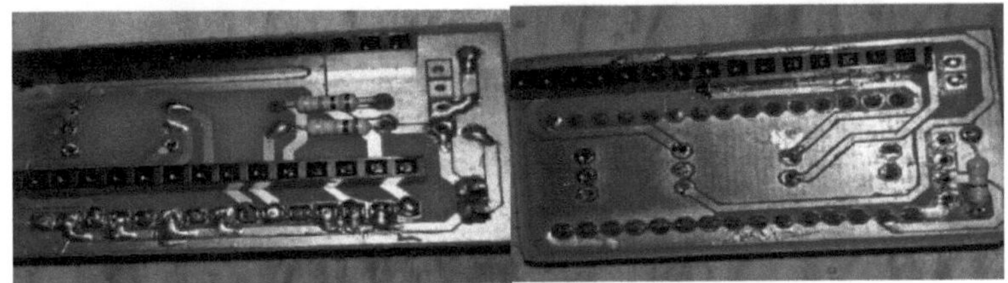

Figura 57. Placa fallida por encubrimiento de estaño

3.4.3.- Placa terminada

Figura 58. Lado de arriba

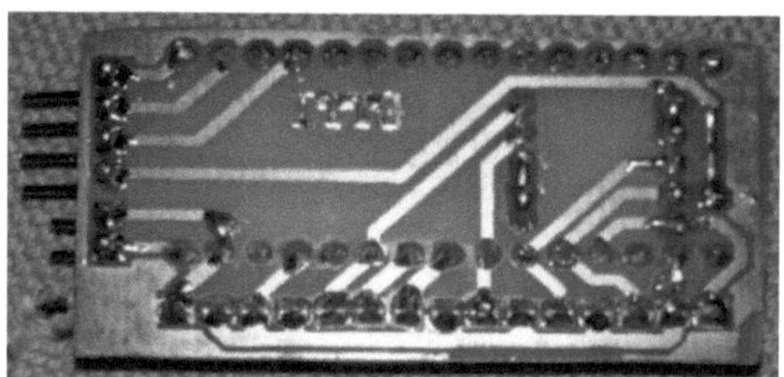

Figua 59. Lado de enfrente

Figura 60. Placa con arduino

4 PRUEBAS

4.1.- Diagrama software

Como se puede ver en la figura 61, tenemos el proceso del funcionamiento en el cual los dos guantes deben estar en su punto de inicio en cual es tener los dos guantes hacia abajo e iniciar con la formación de palabras.

Cuando los dos guantes se encuentren en sus respectivas posiciones los sensores, mandaran la señal de las medias de la posición de la mano y de los dedos al arduino y este mismo interpretará la señal en palabras, de acuerdo al rango de los sensores flex y el MPU-6050 que se le habrá programado con anterioridad.

Al tener varias variables tanto de los sensores flex como el mpu-6050 se facilitará la combinación de palabras para el guante.

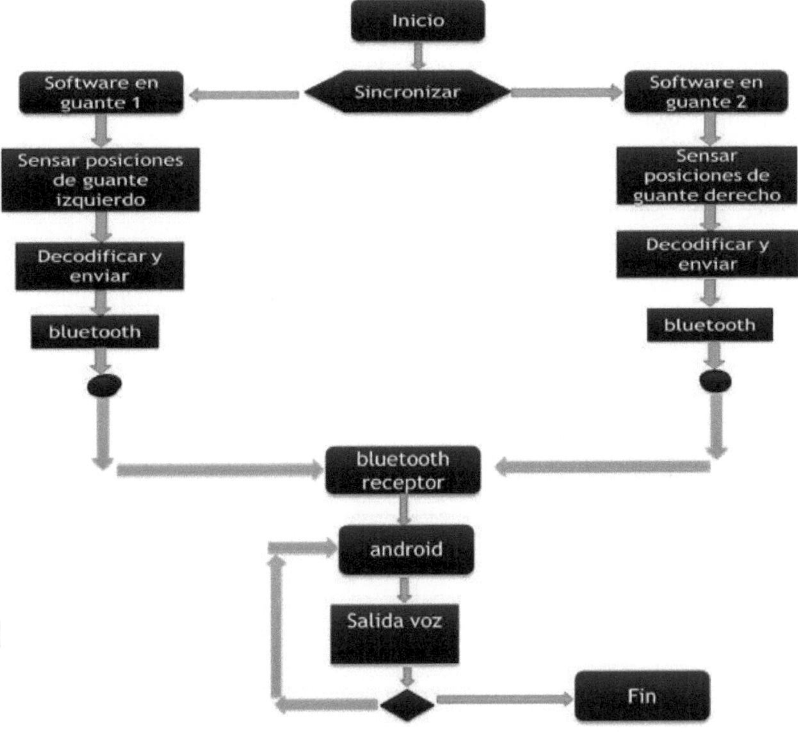

Figura 61. Diagrama software

4.2.- programación de todos los sensores en conjunto

Ya terminada la construcción de la placa se integró todo y se colocó en cada guante, la cual fue el mismo diseño de placa para ambos guantes, para verificar el correcto funcionamiento de los dispositivos se realizaron varias pruebas que detallaremos a continuación, las primeras pruebas consintieron en verificar el funcionamiento del programa en la tarjeta arduino después se realizó una preliminar de forma informal, es decir con el dispositivo desensamblado, esto con el objeto de que se pudiese visualizar el funcionamiento del mismo. La prueba final se realizó con todo el dispositivo ensamblado de la forma en que se tenía contemplado para su término.

Para que este proyecto funcionara todo los componentes se colocaron en sus respectivos lugares de los guantes, los cuales fueron; para los sensores flex se colocaron en la parte superior de cada dedo, la razón de que se colocaran en ese lugar fue para que os sensores detectaran y midieran el movimiento de los dedos. El sensor MPU-6050 se colocó en la parte superior de la mano la cual es llamada carpo, la posición del sensor ahí sirvió para que detectara y midiera el movimiento y la posición de la mano. Y por último tenemos el módulo bluethoot que se encontrara en la placa, este sirvió para mandar la señal a un teléfono móvil que se empleó como dispositivo de salida.

Para la selección del guante se decidió por mandarse hacer de con tela strech debido a que es elástico para que se ajuste a la mano y no resbala para que los sensores no se muevan del lugar que se le otorgó.

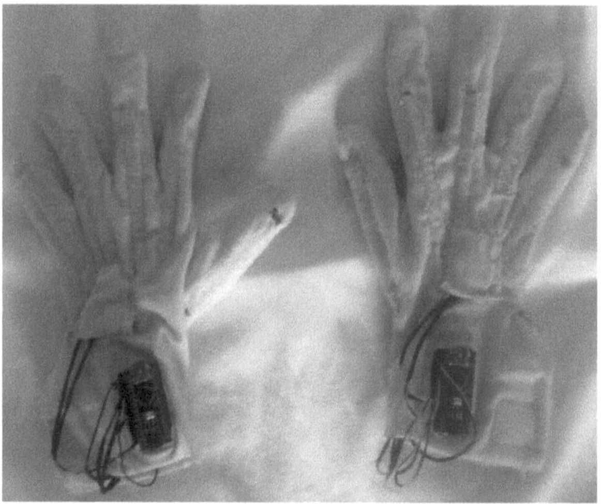

Figura 62. Guantes terminados

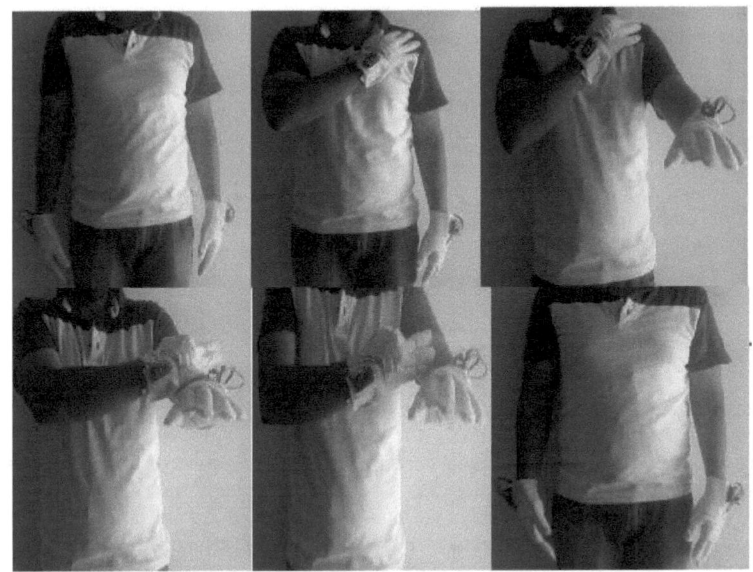

Figura 63. Palabra de LMS: buenas tardes

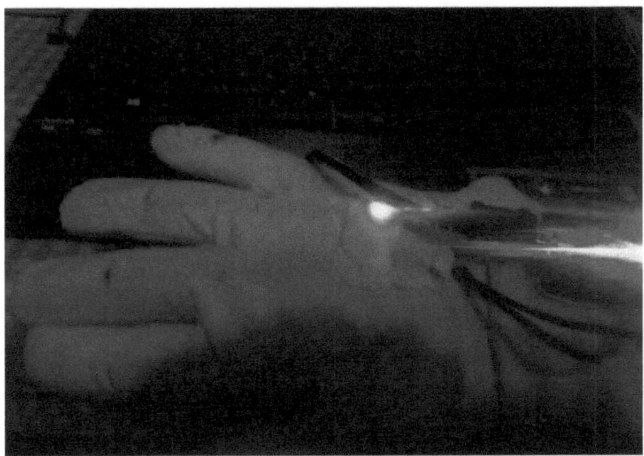

Figura 64. Guante en funcionamiento

Se eligió esta palabra para partir con nuestras palabras que se incluirán en la programación debido a que con esta palabra se utilizan ambas manos y eso ocasiona que podamos utilizar los sensores flexibles, el giroscopio y acelerómetro a la vez y en conjunto.

Figura 65. Muestra de la palabra buenas tardes

En las siguientes pruebas se optó por nuevas palabras para verificar que todas las demás palabras que establecimos, no se entrelazaran entre ellas y por ende no ocasionar errores, en esta prueba verificamos que los sensores respondían a la forma de la mano y arrojaban los datos correspondientes según la palabra, para cada palabra que se le asignó una variable, en el caso de la seña "hola" si estaba el guante en la posición correcta el programa mostraba la palabra "hola", en el caso de la seña de "adiós" mostraba la palabra "adiós" y así sucesivamente agregando las palabras que queríamos.

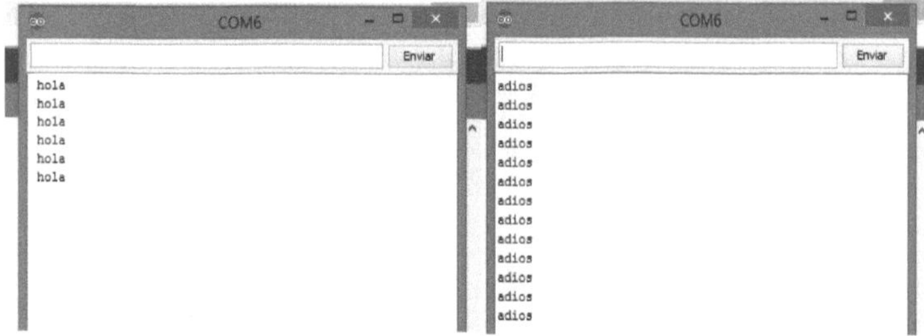

Figura 66. Muestra de palabras

En el serial monitor se mostraba repeticiones al hacer las señas de las palabras que queríamos esto se debía a que usábamos el void loop y este funciona para datos cíclicos.

Ahora haciendo uso de conocimientos adquiridos pasado logramos quietar las repeticiones en las palabras y luego solo mostraba una sola vez la palabra que queríamos.

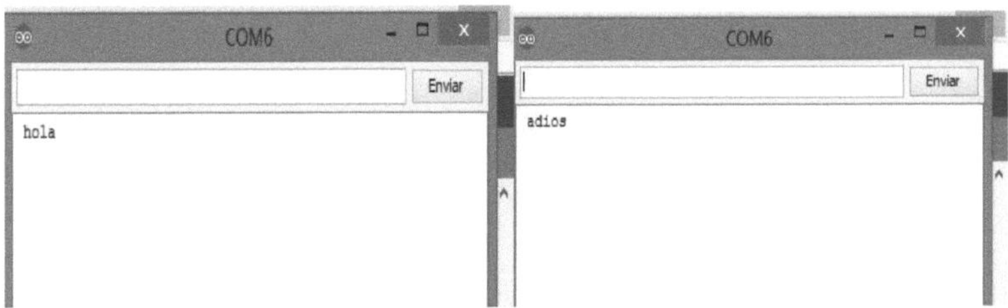

Figura 67. Muestra de palabras sin repeticiones

4.3.- Desarrollo de la aplicación Android (Interfaz gráfica)

Android es Actualmente el sistema operativo para Smartphone y tablets más famoso, con una enorme cuota de mercado.

Desarrollar software   para esta plataforma permite llegar a una gran cantidad de público. Sin embargo, abordar un desarrollo directo con el lenguaje de programación Java, XML, emulación virtual y ambiente de dispositivo móvil puede ser intimidante. Esa es la razón por la que Google ideó una forma sencilla de desarrollar aplicaciones para Android: haciendo uso de programación gráfica y atraer así a los desarrolladores. Google, sin embargo, dejó de lado este proyecto el cual fue retomada por el MIT y se ha mantenido así.

MIT y su proyecto app inventor 2 es una herramienta para desarrollo en línea, esta herramienta facilita la creación de aplicaciones, pasando por el diseño de la pantalla en un Smartphone Android, los diferentes componentes visuales y no visuales, programación usando bloques como si fuese un rompecabezas, variables, uso del sí condicional, ciclos o bucles, hasta el uso de las capacidades propias de un Smartphone como la cámara, acelerómetro y conexión bluetooth esta última es la utilizada en el proyecto.[7]

Para desarrollar la aplicación, basta tener una noción de programación estructurada.

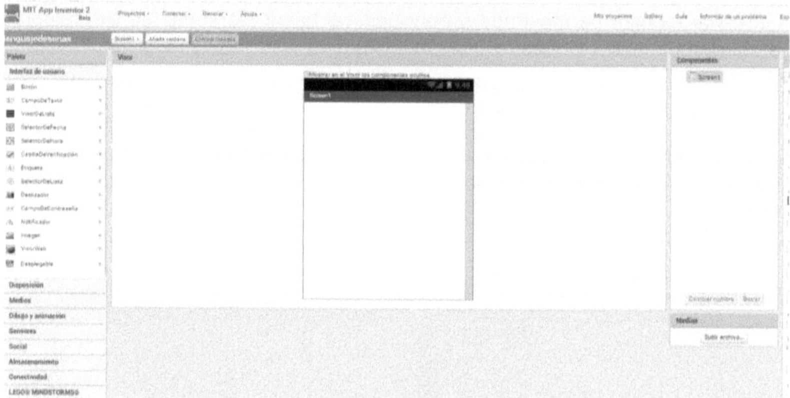

Figura 68. Entorno de selección de elementos por app inventor 2

Los elementos seleccionados son para recibir los datos que son enviados por el arduino a través de un módulo bluetooth, en forma de texto con salida a voz incluida por app inventor 2.

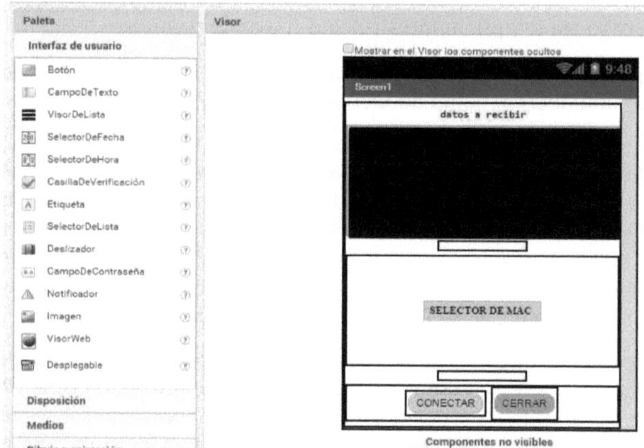

Figura 69. Elementos a utilizar

En la pantalla del entorno de desarrollo se visualizan los elementos a utilizar en la interfaz.

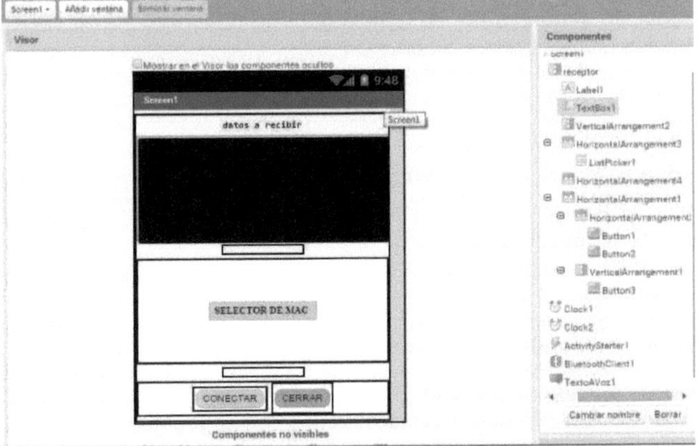

Figura 70. Elementos visualizados

Los principales elementos a utilizar son las visualizadas para llevar a cabo su respectivo funcionamiento.

Al tener todos los elementos a utilizar para la aplicación, se desarrolla en el bloque de programación todas las funciones de cada elemento.

Ahora para el código por bloques se elaboran las siguientes funciones;

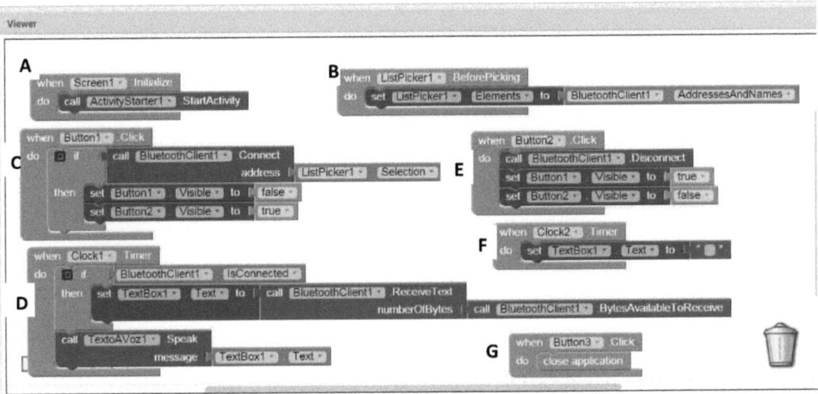

Figura 71. Programación en app inventor 2

Código de bloques en "A". horizontalArrangement; sirve para contener todos los elementos a utilizar.

Código de bloques en "B".

ListPicker1; selector de MAC del módulo bluetooth, al seleccionar la ventanilla aparece los módulos disponibles y con ella poder conectarse con ellas es su función principal.

ListPicker1

Código de bloques "C".

Button1; para conectar con el modulo bluetooth, se selecciona uno de los módulos y con ella se vincula dispositivo con el guante.

Button1

Código de bloques en "D".

TexBox1; recibe los datos que son enviadas desde arduino, configurada en los bloques para su función, si el guante envía una serie de palabras esta las lee ya que esta librería del app inventor realiza esa función.

TextBox1

Código de bloques "E".

 Button2; desconectar modulo bluetooth, esta función nos informa si no hay conexión entre guante y el dispositivo móvil.

Button2

Código de bloques "G".

Button3; cerrar programa, su principal función es cerrar el programa.

Button3

Código de bloques en "D".

clock1; su función es llamar al módulo bluetooth y recibir datos a 1000S de velocidad, es un reloj que hace la función de llamar cíclicamente al microcontrolador.

Clock1

Código de bloques en "F".

clock2;   limpia los datos visualizados para darle paso a nuevos datos a 10,000s de velocidad, es otra función cíclica que realiza el programa.

bluetoothclient1; declaración del módulo para conectarse con arduino y la app, código de bloques utilizadas en "C", "D", es el medio que comunica entre el arduino y Android, ya que es necesario hacer la declaración en el programa para conectarse con el módulo.

Una vez terminada la aplicación se descarga con la extensión .apk, pasarlo a un Smartphone con sistema Android.

4.4.- Instalación de la App (Aplicación)

La instalación es algo sencilla, cabe mencionar que la aplicación es para cualquier sistema Android sin importar la versión de la misma, basta con tener la aplicación en el Smartphone e instalar la aplicación creada, como se muestra en la imagen; a continuación se explicara la instalación que es mostrada en las imágenes;

1.- lo primero es ubicar el lugar donde se encuentra la aplicación estas siempre son con la extensión (.apk)   guardada previamente al Smartphone.

Figura 72. Ubicación de la aplicación

2.-Después se selecciona "Instalador del paquete", damos aceptar al mensaje que nos aparece posteriormente, y por ultimo le damos en la pestaña de instalar.

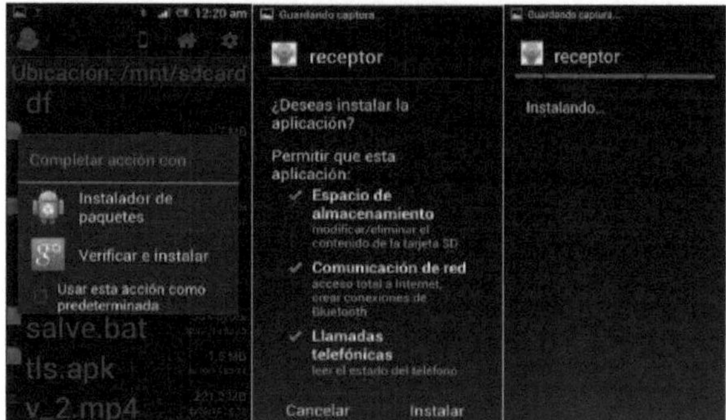

Figura 73. Instalación terminada

Figura 74. Instalación de la aplicación

3.- para concluir con la instalación y lo último abrir la aplicación.

4.5.- Vinculación Arduino con Dispositivo

Una vez se ha instalado la aplicación, se procede a vincular el dispositivo con el modulo, para ello lo que se realiza lo que se muestra en las capturas de la explicación es la siguiente empezando nuevamente de izquierda a derecha: Lo primero es ir ajustes de bluetooth y buscar dispositivo y cuando aparezca el modelo "HC-06", este deja de hacerlo.

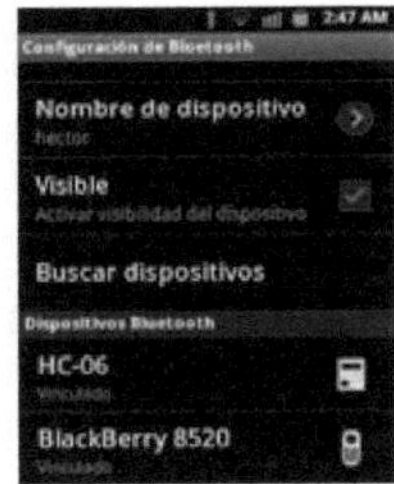

Figura 75. Ingresando a la aplicación

Se selecciona y le damos vincular, en la pantalla que aparece se debe de ingresar el código "1234" y esperar a que se cree la vinculación del dispositivo con el modulo.

Una vez que se ha realizado todo se abre la aplicación y probamos la conexión con el modulo, para ello lo que se realiza es darle clic en el botón que dice conectar y esperar que cambie de color el botón y diga conectado.

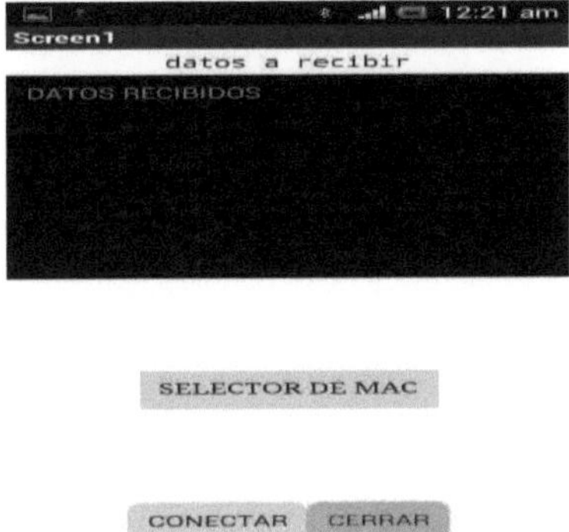

Figura 76. Aplicación en funcionamiento

Ya que se ha comprobado la conexión se puede a empezar a recibir información del bluetooth y otra manera de ver que se ha establecido bien la comunicación, es comprobar si el módulo bluetooth ha dejado de parpadear el LED que trae, debido a que cuando se crea una buena conexión

4.6 RESULTADOS

Los resultados obtenidos son los que se plantearon al inicio del proyecto, con todo el trabajo pudimos concluir la programación, la programación de la tarjeta de adquisición de datos y comunicación serial, y el guante con los sensores.

Para la interfaz gráfica se utilizó el programa app inventor2, debido a la familiaridad que se tiene para cualquier persona con este, y además cubre al 100 % las funciones que nosotros utilizamos para la realización del dispositivo, es decir en concreto cuenta con la conexión serial que en este caso era de suma importancia.

Para ver que realmente funcionaba nuestro prototipo, nos contactamos con una persona que tiene el problema de sordera y del habla desde niño y la única forma de comunicarse es el lenguaje de señas, esta persona se sentía cómoda con el uso de los guantes ya que no mostraba ser voluminoso y por lo tanto fue más compacto, pero a pesar de eso hubieron algunos inconvenientes en el cual se sentía incómodo debido a que el guante era muy grande para el esto ocasiona que para que una persona utilice estos guantes deben estar hechos a su medida o por lo menos tener medidas estándar.

CONCLUSIÓN

Es importante el avance en la enseñanza de lenguas sobre todo cuando se nota el nivel de discriminación que se aplica a las personas sordomudas principalmente al momento de solicitar un empleo, por lo cual tratamos de fomentar que el lenguaje de señas sea tan universal como el hablado ya que así se disminuiría la poca comprensión que tenemos los norma oyentes ante una persona sordomuda. Y de esta misma forma ir reduciendo la discriminación al entender lo que realmente nos expresan y contestar de forma correcta a sus palabras.

Además que durante las pruebas no fue probado el guante con una sola persona sino que se utilizaron más personas, entre esas personas se encontraba una con deficiencia del sentido del oído por lo cual fue parte fundamental del proyecto, ya que este trabajo fue especialmente hecho para ellos y por lo tanto fue de su agrado.

Durante la construcción del proyecto se pensó en el uso de los guante en la vida cotidiano y se pensó en lo estorboso que pudiese llegar a ser y por lo tanto se llegó a la conclusión del uso de los guantes de manera inalámbrica, y por lo tanto evitarse todo el cableado, y así tener mejor movilidad en una conversación común y simple, además de que los pocos cables que se llegaron a utilizar, fueron ocultadas con una capa de tela y así darle una apariencia menos tosca. Para las personas que los llegaron utilizar fue muy cómodo el uso de los guantes y si se logró el cometido del cual es ayudar a las personas que carecen de sus sentidos auditivos y así puedan darse a entender frente personas noma oyente.

RECOMENDACIONES

Para que estos guantes los pueda manejar cualquiera, en primera se debe de tener conocimiento del lenguaje de señas ya que este material no sirve para una persona que no comprenda tal lenguaje y por lo tanto esa persona no sabría qué hacer y en segunda entender las especificaciones para el uso de los guantes.

También para un mejor manejo de los guantes, es que la persona que lo vaya a utilizar tenga la medida correcta de tales guantes, esto es porque si los guantes son más grandes que las manos de la persona que lo utilizara, los sensores de flexibilidad no captarán correctamente la curvatura de los dedos, por esto es necesario hacer guantes de medida estándar, chico, mediano y grande.

Para poder mejorar el guante se necesitaría cambiar los sensores flex 2.2 a los sensores flex de 4.5, debido a que son más grande y cubre un rango más grande y por lo tanto se lograría hacer más palabras, pero esto sugiere que al ingresar más palabras a la programación ocupara más espacio en la memoria del microcontrolador, por lo cual también es necesario cambiar el microcontrolador que maneje una memoria de almacenamiento más grande.

Por último los guante que se utilizaron son de tela strech para que los sensores no resbalaran, pero para un logro hay que hacer un sacrificio estas telas provocan calor para el usuario y sería una muy buena sugerencia cambiar la tela por una que no queme tanto o ponerle un forro interno de tela de seda ya que es más fresca.

REFERENCIAS

- [1]http://www.inegi.org.mx/prod_serv/contenidos/espanol/bvinegi/productos/censos/poblacion/2010/discapacidad/702825051785.pdf

- [2] http://cuéntame.inegi.org.mx/poblecion/discapacidad.aspx?tema=p

- [3] http://compartirsignos.org.mx/p/probando.html

- [4] http://disc-auditiva.org.mx/2012/06/lenguaje-de-senas.html

- [5] http://www.oocities.org/eddie_mex/LSM.htm

- [6] https://cdn.sparkfun.com/datasheets/Sensors/ForceFlex/FLEX

- [7] Sensores y actuadores. Aplicaciones con arduino
  autores: Leonel G. Corona Ramírez, Griselda S. Abarca Giménez y Jesús
  Mares Carreño.
  Editorial: Ebook

- [9]http://web.usal.es/~mperezga/temo/giroscopo.pdfhttp://www.juntadeandal
  ucia.es/averroes/ieslosalamos

- [10] https://www.arduino.cc/en/pmwiki.php?n=Guide/ArduinoNano

- [11] https://www.arduino.cc/en/Main/arduinoBoardNano

- [12] http://appinventor.mit.edu/explore/tutorial-version/app-inventor-2.html

- [13] http://appinventor.mit.edu/explore/tutorials.html

- [14] http://www.cecilioruiz.com/bluetooth-arduino/

- [15]https://www.parallax.com/downloads/plx-daq